水利工程施工技术与管理创新研究

兰新建　汤凤霞　刘新刚　主编

延边大学出版社

图书在版编目（CIP）数据

水利工程施工技术与管理创新研究 / 兰新建，汤凤
霞，刘新刚主编. -- 延吉 ： 延边大学出版社,2023.7
ISBN 978-7-230-05213-9

Ⅰ．①水… Ⅱ．①兰… ②汤… ③刘… Ⅲ．①水利工
程－工程施工②水利工程管理 Ⅳ．①TV5②TV6

中国国家版本馆CIP数据核字(2023)第152177号

水利工程施工技术与管理创新研究

————————————————————————————————————

主　　编：兰新建　汤凤霞　刘新刚
责任编辑：董　强
封面设计：文合文化
出版发行：延边大学出版社
社　　址：吉林省延吉市公园路977号　　　邮　　编：133002
网　　址：http://www.ydcbs.com　　　E-mail：ydcbs@ydcbs.com
电　　话：0433-2732435　　　传　　真：0433-2732434
印　　刷：三河市嵩川印刷有限公司
开　　本：710×1000　1/16
印　　张：15.5
字　　数：260 千字
版　　次：2023 年 7 月 第 1 版
印　　次：2023 年 7 月 第 1 次印刷
书　　号：ISBN 978-7-230-05213-9

————————————————————————————————————

定价：65.00元

编 写 成 员

主　　编：兰新建　汤凤霞　刘新刚

副 主 编：王允浩　吕　静　赵文钧

编　　委：谢凤敏　徐　军

编写单位：菏泽市河湖流域工程管理服务中心

苏州市河道管理处

济南市水利工程服务中心

水发众兴集团有限公司

济南市水利工程服务中心

兰州昌佳汇智科技有限公司

山东省菏泽市东鱼河流域工程管理处

昌邑市鑫宝水利建安工程有限公司

前　　言

　　水利工程是一项重大的基建项目，其投资多、规模大、工期长，涉及的问题也多，采用科学的施工技术和施工管理方法，可以有效地降低工程项目的安全风险，确保工程项目顺利完成。另外，水利工程在建设的过程中一定要注重提升管理工作的质量和效率，并且要紧跟时代发展趋势，不断完善原有的管理模式，从而切实提高水利工程对水资源的利用效率。在实际建设过程中，为了能够真正提高经济效益和社会效益，也为了能够提升人民群众的生活质量，相关部门一定要敦促施工单位运用更加科学合理的方式进行技术优化，确保工程在建造实施的环节具备更高的效率。

　　《水利工程施工技术与管理创新研究》一书共分为九章，字数 26 万余字，该书由菏泽市河湖流域工程管理服务中心兰新建，苏州市河道管理处汤凤霞，济南市水利工程服务中心刘新刚担任主编，副主编由水发众兴集团有限公司王允浩、济南市水利工程服务中心吕静，兰州昌佳汇智科技有限公司赵文钧担任。其中第二章、第三章、第八章第二节、第三节由主编兰新建负责撰写，字数 8 万余字；第五章、第六章由主编汤凤霞负责撰写，字数 6 万余字；第四章第三节、第四节、第七章由主编刘新刚负责撰写，字数 5 万余字；第一章、第四章第一节、第二节、第八章第一节、第九章由副主编王允浩、吕静、赵文钧共同承担撰写，字数 7 万余字。

　　笔者在撰写本书的过程中，参考了大量的文献资料，在此对相关文献资料的作者表示感谢。此外，由于时间和精力有限，书中难免存在不足之处，敬请广大读者批评指正。

笔者

2023 年 4 月

目　　录

第一章　基于 BIM 技术的
水利水电工程施工可视化仿真分析

第一节　建筑信息模型（BIM）
及其应用

当今社会是信息化社会，信息化技术的发展在各个方面改变了人们传统的生活方式，信息化已成为一种全球性的大趋势。在水利行业，信息化已成为一个重要话题，信息化技术的应用成为水利现代化的重要标志。

一、BIM 定义

BIM 是"building information model"的英文缩写，即建筑信息模型，它是通过数字信息仿真模拟建筑物具备的真实信息，这里的信息不仅包含了三维几何形状信息，还包含了大量的非几何信息，如建筑构件的材料、重量、价格和进度等。

BIM 的概念是由美国佐治亚技术学院（Georgia Tech College）建筑与计算机专业的查克·伊斯曼（Chuck Eastman）博士于 1975 年提出的："建筑信息模型综合了所有的几何模型信息、功能要求和构件性能，将一个建筑项目整个生命周期内的所有信息整合到一个单独的建筑模型中，而且包括施工进度、建造过程、维护管理等的过程信息。"20 世纪 80 年代，芬兰学者提出了"Product Information Model"系统；1986 年，美国学者提出了"Building Modeling"理念；2002 年，Autodesk 公司提出，建筑信息模型（BIM）是建筑设计的创新。

美国建筑科学研究院（National Building Information Model Standard, NBIMS）发布的美国国家 BIM 标准对 BIM 的定义为：BIM 是一个设施（建设项目）物理和功能特性的数字表达；BIM 是一个共享的知识资源，是一个分享有关这个设施的信息，为该设施从概念到拆除的全生命周期中的所有决策提供可靠依据的过程；在项目不同阶段，不同利益相关方通过在 BIM 中插入、提取、更新和修改信息，以支持其各自职责的协调作业。

国际标准组织设施信息委员会（Facilities Information Council, FIC）对 BIM 的定义为：BIM 是在开放的工业标准下对设施的物理和功能特性及其相关的项目全生命周期信息的可计算/可运算的形式表现，从而为决策提供支持，以更好地实现项目的价值。在其补充说明中，强调建筑工程信息模型将所有的相关方面集成在一个连贯有序的数据组织中，相关的电脑应用软件在被许可的情况下可以获取、修改或增加数据。

"建设工程信息化——BLM 理论与实践丛书"中对于 BIM 的定义是：BIM 以三维数字技术为基础，集成建筑工程项目各种相关信息的工程数据模型，对工程项目相关信息进行详尽的数字化表达。其结构是一个包含数据模型和行为模型的复合结构。它除了包含与几何图形及数据有关的数据模型，还包括与管理有关的行为模型，两者结合通过关联为数据赋予意义，因而可以模拟真实世界的行为。

美国建筑师协会（American Institute of Architects, AIA）对 BIM 的定义是：连接工程信息数据库的模型化技术。

总之，BIM 是一个综合利用 3D 建模和 3D 计算技术，在设计和施工阶段建立起的 4D 关联数据库，该数据库包含了设计意图、项目资料、施工信息及设计管理数据等方面的信息。利用 BIM 技术生成的建筑物的虚拟模型，包含了建筑物从规划设计到施工、运营管理及拆除等全生命周期各个阶段的所有信息，构成了一个大型的综合信息数据库。在这个虚拟模型中，项目参与各方可以任意地修改建筑物模型的平面、立面、剖面及任意部分的细部详图、建筑材料、门窗表等，并且能够输出上述信息及施工进度和预算报表等。从项目的初始规划阶段，这个数据库就开始建立，随着项目的进行，建筑物模型的数据和信息不断增加，并且这些信息在项目的不同专业之间共享，各专业设计人员均可以从中提取有用的资料，并将本专业的修改信息及时传入该数据库，实现了模型的无限次使用，也避免了信息在传递过程中的缺失或由获取的信息不正确而引发的失误和重复设计工作。

二、BIM 的产生及中外研究情况

（一）BIM 的产生

任何技术的产生都来自社会需求并为社会需求服务。恩格斯曾经说过这样一句话："社会一旦有技术上的需要，则这种需要就会比十所大学更能把科学推向前进。"正在快速发展并被普及应用的 BIM 技术也不例外。

一方面，BIM 的产生来自市场的需求。当今社会，工程项目的复杂程度不断增加，相应的建设系统越来越多，传统的二维或三维手段已不能满足要求；人们对产品质量和可持续发展的绿色建筑的要求越来越高，但缺乏相应的知识和技术手段的支持；工期和造价的控制越来越严格，而实际工作中频繁出现错漏碰缺和设计变更；全球化使建筑行业竞争加剧，而技术和管理水平却相对滞后。

另一方面，建筑行业本身也面临着非常大的挑战。在过去的五十年中，航空航天、汽车、电子产品等行业的生产效率通过使用新技术和新生产流程有了巨大提高。而建筑行业虽然取得巨大的成就，但与其他行业相比，它的生产效率却呈下降趋势。究其原因，首先，建筑行业参与方较多且各专业间没有统一的规范，项目设计过程和施工过程分离，导致责任不明确；其次，项目参与方之间的信息传递通过纸质图纸完成，在传递过程中，一方意见的修改无法快速更新到图纸中，从而造成信息的流失和不完整，并且以纸为传播媒介使信息传播不连续；最后，图纸是以二维图像信息来表明设计意图的，无法完整直观地表示建筑物的全部信息，从而导致设计意图的表达不明确，理解过程中容易出现偏差。此外，建设工程的参与方众多、规模大、施工难度大、技术复杂、工期长等特点，使得施工过程具有很大的风险，急需采用新技术提高管理水平。

因此，市场的需求和建筑行业自身对于新技术和先进生产流程的需求促使BIM 技术得以产生。

（二）BIM 中外研究情况

1.BIM 在国外的研究情况

BIM 技术起源于美国，随后逐步扩展到欧洲、日本、韩国等发达国家和地区。目前，BIM 技术在这些国家和地区的研究和应用都达到了很高的水平。

（1）美国

在美国，各大设计事务所、施工单位和业主纷纷主动在项目中应用 BIM。有数据统计表明，2009 年美国建筑业 300 强企业中 80%以上都应用了 BIM 技术。与此同时，政府和行业协会也出台了各种 BIM 标准。

2003 年，美国联邦总务管理局（General Services Administration, GSA）提出了"国家 3D-4D-BIM 计划"，所有 GSA 的项目都被鼓励采用 BIM 技术，采用这些技术的项目承包商根据应用程度的不同得到了不同程度的资金赞助。自 2007 年起，GSA 陆续发布系列 BIM 指南用于规范和引导 BIM 在实际项目中的应用。

2006 年，美国陆军工程兵团（U.S. Army Corps of Engineers, USACE）制定

了一份 15 年（2006—2020 年）的 BIM 路线图，其中指定了 BIM 十五年规划要实现的目标概要和时间节点。

2007 年，美国建筑科学研究院（National Institute of Building Science, NIBS）发布了美国国家 BIM 标准（NBIMS）。

（2）日本

BIM 在日本全国范围内得到了广泛应用并上升到了政府推进的层面。

日本的国土交通省负责全国各级政府投资工程，国土交通省的大臣官房（办公厅）下设官厅营缮部，主要负责组织政府投资工程建设、运营和造价管理等工作。2010 年 3 月，国土交通省官厅营缮部宣布，将在其管辖的建筑项目中推进 BIM 技术，并根据今后实行对象的设计业务来具体推进 BIM 的应用。

（3）韩国

韩国已有多家政府机关致力于 BIM 应用标准的制定，如韩国国土海洋部、韩国教育科学技术部、韩国公共采购服务中心（Public Procurement Service, PPS）等。其中，韩国公共采购服务中心下属的建设事业局制定了 BIM 实施指南和路线图。具体路线图为 2010 年 1～2 个大型施工 BIM 示范使用；2011 年 3～4 个大型施工 BIM 示范使用；2012—2015 年 500 亿韩元以上建筑项目全部采用 4D（3D＋成本）的设计管理系统；2016 年实现全部公共设施项目使用 BIM 技术。韩国国土海洋部分别在建筑领域和土木领域制定 BIM 应用指南。其中，《建筑领域 BIM 应用指南》于 2010 年 1 月完成发布。该指南是建筑业业主、建筑师、设计师等采用 BIM 技术时必需的要素条件及方法等的详细说明文书。土木领域的 BIM 应用指南也已立项，暂定名为《土木领域 3D 设计指南》。

2.BIM 在中国的研究情况

BIM 已经在全球范围内得到广泛认可。自 2002 年"建筑信息模型"这一概念在中国被定义以来，BIM 理念正逐步为建筑行业所熟知，其应用主要以设计公司为主，各类 BIM 咨询公司和培训机构也渐渐崭露头角。在一向是亚洲潮流风向标的香港，BIM 技术已被广泛应用于各类房地产开发项目中，香港

BIM 学会也于 2009 年成立。

近年来，BIM 的应用引发了建筑行业的信息化热潮。目前，中国已有很多较成功的 BIM 应用案例，例如 2008 北京奥运会奥运村空间规划及物资管理信息系统，南水北调工程，香港地铁项目，天津国际邮轮码头，杭州奥体中心主体育场，2010 年世博会中国馆、德国馆、奥地利馆、芬兰馆等在设计、施工、运营阶段都曾使用 BIM 技术。

BIM 技术的基础研究得到国家的大力支持，政府导向推动中国 BIM 技术的发展。BIM 被国家列为"十五"科技攻关计划，进入"十一五"国家科技支撑计划重点项目，并且专门以"基于 IFC 国际标准的建筑工程应用软件研究"为课题进行深入研究，开发了基于 IFC 的结构设计和施工管理软件。另一项"十一五"科技支撑项目课题"基于 BIM 技术的下一代建筑工程应用软件研究"，将推出基于 BIM 技术的建筑设计、建筑成本预测、建筑节能设计、建筑施工优化、建筑工程安全分析以及建筑工程耐久性评估等一系列工程软件，大大地推进了 BIM 的应用进程。

三、BIM 产品介绍

由 BIM 的定义可知，BIM 不仅仅是一种或者几种软件，还是一种理念、一项技术，并且参与了建筑项目全生命周期。BIM 的应用与发展离不开软件。BIM 作为工程建设行业的一项新技术，涉及不同应用方、不同专业、不同项目阶段的不同应用，而这绝不是一个或者一类软件能解决的。BIM 的应用需求促进了一大批与之相关的软件的产生。美国的 building SMART 联盟主席达纳•史密斯（Dana Smith）也在其编写的 BIM 专著中提出：依靠一个软件解决所有问题的时代已经一去不复返了。

1.BIM 核心建模软件

BIM 核心建模软件主要有四大类：

①Autodesk 公司的 Revit 系列，即 Revit Architecture、Revit Structural、Revit MEP，分别用于建筑、结构和机电专业，常用于民用建筑设计。

②Bentley 公司的建筑（Architecture）、结构（Structural）和设备（Building Mechanical Systems）系列，一般用在工厂设计（石油、化工等）和基础设施（道路桥梁、水利等）。

③NemetschekGraphisoft 公司的 ArchiCAD、AIIPLAN、Vectorworks 软件。中国常用的是 ArchiCAD，主要用于建筑专业。

④Dassault 公司的 Digital Project 和 CATIA，这两款软件的建模能力和信息管理能力比传统软件有明显的优势。

2.方案设计软件

这类软件包括 Onuma Planning System 和 Affinity，将业主基于数字的要求转化成几乎几何形体的方案，用于业主和设计人员之间的沟通。

3.和 BIM 接口的几何造型软件

常用的几何造型软件包括 Skecthup 和 Rhino 等。在设计初期的复杂造型分析时，使用这类软件可能会更简便，并且其设计成果可以被核心建模软件使用。

4.可持续分析软件

这类软件主要包括 Echotect、IES、Green Building Studio 等，其功能是通过 BIM 模型，对项目进行光照、热量、噪声、风环境等方面的分析。

5.机电分析软件

这类软件包括中国的鸿业、柏超和国外的 Design master、Trane Trace 等。

6.结构分析软件

结构分析软件主要有国外的 ETABS、STAAD、Robot 和中国的 PKPM 软件。该类软件的功能是对 BIM 模型进行结构分析，然后将结果中所做的结构调整反馈到核心建模软件，从而更新优化 BIM 模型。

7.可视化软件

该类软件有 3DS Max、Artlantis 和 Lightscape 等，其功能是将 BIM 模型导

入该类软件中，通过模型渲染和动画效果对 BIM 模型做视觉效果分析。

8.模型检测软件

常用的模型检测软件是 Solibri 软件，主要功能是检查模型的逻辑性，例如模型是否有空间上的重叠。

9.深化设计软件

这类软件包括 Xsteel 和 Athena，是针对某些专业领域的深化设计工具。

10.模型综合碰撞检查软件

这类软件主要有 Autodesk、Bentley 等。BIM 模型综合了不同专业（建筑、结构、机电等）设计成果，也综合了项目不同阶段的信息。这些数据虽然在各自的领域中是正确的，综合在一块就会有碰撞与冲突。利用模型综合碰撞检查软件可以检测并修改这类问题。这类软件同时还有 4D 动态模拟及可视化的功能。

11.造价管理软件

这类软件包括中国的鲁班和国外的 Solibri 等，主要用来对 BIM 模型做工程量统计和造价分析，并可以输出分析结果。

12.运营管理软件

应用最多的运营管理软件是美国的 Archibus 软件，Navisworks 产品也由于其强大的数据整合能力逐渐被用于运营管理。

13.发布审核软件

这类软件包括 Autodesk Design Review、Adobe PDF 和 Adobe 3D PDF，将 BIM 设计成果以 DWF、PDF、3D PDF 等格式发布，供项目参与方使用，但是发布的文件可以批注审核而不能修改。

四、实施 BIM 技术带来的益处

BIM 贯穿了项目全生命周期的各个阶段：设计、施工、运营管理等。BIM 技术的应用为项目各阶段带来了极大的效益。

（一）BIM 为设计阶段带来的益处

项目设计过程中应用 BIM 技术的目的就是提高项目设计的质量和效率，从而减少施工期间的返工，保障施工工期，节约项目资金。设计阶段 BIM 带来的益处主要体现在以下几个方面：

1.三维可视化

BIM 技术使建筑设计从二维走向了三维，走向了数字化。它将专业、抽象的二维建筑以通俗化、三维可视化的方式描述，使得各个专业的设计师和业主等非专业人员对项目是否满足要求的判断更准确、高效。

2.协调，避免冲突

项目设计过程包括许多不同专业，如建筑、结构、给排水、空调、电气等。BIM 将各专业的设计成果整合到统一、协调的三维协同设计环境中，实现信息共享，从而检测出结构与设备、设备与设备间的冲突，使得工程师可以及时调整设计，避免施工中的浪费。

3.模拟

BIM 技术将原本需要在真实场景中实现的建造过程，在虚拟世界中预先实现，可以最大限度减少未来实际建造过程中出现的差错。

4.出图

各种平面、立面、剖面二维图纸及三维效果图、三维动画都可以根据 BIM 的设计成果生成，节省了编制文件和绘制图纸的时间，并且保证了工程文件和设计图纸的准确性。

（二）BIM 为施工阶段带来的益处

1.四维模拟

通过将 BIM 模型与施工进度计划相集成，将空间信息与时间信息整合在一个可视的 4D（3D＋Time）模型中，从而直观、精确地反映整个建筑的施工界面和施工过程。4D 施工模拟有助于施工人员在项目建设过程中合理制定施工计划，精确掌握施工进度，优化使用施工资源，以缩短工期、降低成本、提高质量。

2.提供施工所需的信息

在项目的施工阶段，BIM 可以同步提供有关建筑质量、成本及进度等的信息。BIM 可以提供工程量清单、各阶段材料准备以及概预算等所需要的信息。例如，利用 Graphisoft 公司的 ArchiCAD 软件可以进行工程量的统计和施工进度的编制。

3.生成工程的最新评估和规划，与业主准确、实时地交流工程进展

BIM 可以帮助施工人员促进建筑的量化，以进行工程评估和工程估价，从而生成最新的工程评估与施工规划。同时，施工人员可以为业主指定场地使用情况和更新调整情况的规划，进而和业主沟通，将施工过程对业主的运营和人员的影响降到最低。

（三）BIM 为运营管理阶段带来的益处

建设项目的设计和施工，都是为了最终所能产生的效益。因此，从业主角度来看，运营管理对于建设项目而言，是最重要也是最基础的工作。

在建筑的运营管理阶段，BIM 可提供建筑的使用情况或性能、入住人员、建筑已用时间及建筑财务等方面的信息。BIM 可提供数字更新记录并改善搬迁规划与管理。建筑的物理信息（如完工情况、承租人或部门分配、家具和设备库存等）和可出租面积、租赁收入或部门成本分配的财务数据都更加易于使用

和管理。安全稳定地访问这些信息可提高建筑运营过程中的成本与收益管理水平。2010 年的上海世博会采用以 BIM 为基础的数据信息管理系统，对世博园区的规划建筑进行全过程模拟、监测、控制，最终得到科学合理的设计、论证、管理和决策。

（四）BIM 为业主带来的益处

BIM 技术为业主带来的益处主要体现在以下两个方面：

第一，利用 BIM 技术在项目早期可对建筑物不同方案的性能做各种分析、模拟和比较，从而使业主得到高性能的建筑方案。

第二，BIM 技术对业主招商产生有利的影响。例如在房地产行业中，BIM 虚拟现实、实时漫游的功能促进了销售人员与购房者之间的交流。传统的房地产销售方式是通过平面户型图、建筑模型效果图及各种广告媒体等推出楼盘，销售人员与购房者之间的沟通交流比较困难。借助基于 BIM 的虚拟漫游技术，用户可在电脑上的样板房中漫游，进入虚拟建筑中的任何空间参观虚拟房间，亲身感受居室空间，并且可以实时查询房间信息、家居布置等，同时还可以在虚拟小区中漫游或站在阳台观看，感受小区建成后的优美环境。

慕尼黑某火车站主站台工程中使用了 BIM 技术的 Allplan 软件，业主在车站的施工阶段就制订了招商计划，根据设计阶段的三维模型，将车站面貌展示给顾客，并通过实时漫游使顾客详细地了解车站各部分空间和设施。

五、BIM 在水利工程中的应用

BIM 这种新的思维方式和设计理念，在水利工程建设中也有一定的应用。

在南水北调工程中，长江勘测规划设计研究院（现改名为长江设计集团有限公司）将 BIM 的理念引入其承建的南水北调中线工程的勘察设计工作中，并且由于 AutoCAD Civil 3D 良好的标准化、一致性和协调性，最终确定该软件为最佳解决方案。利用 AutoCAD Civil 3D 能够快速地完成勘察测绘、土方开挖、场地规划和道路建设等的三维建模、设计和分析等工作，提高设计效率，简化设计流程。其三维可视化模型细节精确，使工程一目了然。基于 BIM 理念的解决方案帮助南水北调项目的工程师和施工人员，在真正的施工之前，以数字化的方式看到施工过程，甚至整个使用周期中的各个阶段。该解决方案在项目各参与方之间实现信息共享，从而有效避免了可能产生的设计与施工、结构与材料之间的矛盾，避免了人力、资本和资源等的浪费。

中国水电顾问集团昆明勘测设计研究院有限公司在水电设计中也引入了 BIM 的概念。在云南金沙江阿海水电站的设计过程中，其水工专业部分利用 Autodesk Revit Architecture 完成大坝及厂房的三维形体建模；利用 Autodesk Revit MEP 软件平台，机电专业（包括水力机械、通风、电气一次、电气二次、金属结构等）建立完备的机电设备三维族库，最终完成整个水电站的 BIM 设计工作。BIM 设计同时提供了多种高质量的施工设计产品，如工程施工图、PDF 三维模型等。最后利用 Autodesk Navisworks 软件平台制作漫游视频文件。

第二节　基于 BIM 技术的水利工程可视化仿真系统的实现

随着计算机软、硬件的发展以及图形处理能力的增强，计算机仿真技术已逐步由数值仿真向可视化仿真发展，人们对于仿真结果的可视化显示的要求越来越高。可视化仿真技术是一种新技术，并且受到越来越多人的关注。可视化仿真系统不仅给用户提供了一个多视点、多角度、多层次观察仿真进程的可视化平台的人机交互环境，还可以允许用户直观地修改各个仿真参数，而据此可视化地显示仿真结果。科学、直观地描述工程施工各环节间时间、空间的复杂逻辑关系，简便清晰地表达仿真结果，能有效地为设计和决策人员服务，并对提高施工组织设计的效率和管理现代化水平有重要的意义。

一、可视化仿真系统的软件平台：Autodesk Navisworks

（一）Navisworks 软件简介

Navisworks 软件是由英国 Navisworks 公司研发并出品的，2007 年该公司被美国 Autodesk 公司收购。Navisworks 是一款 3D/4D 协助设计检视软件，主要针对建筑、工厂和航运业中的项目全生命周期，能提高工程质量和生产力。

Navisworks 解决方案支持所有项目相关方可靠地整合、分享和审阅详细的三维设计模型，帮助用户获得建筑信息模型（BIM）工作流带来的竞争优势，在建筑信息模型（BIM）工作流中处于核心地位。该软件将 AutoCAD 和 Revit 系列等软件应用创建的设计数据，与来自其他设计工具的几何图形和信息相结合，将其作为整体的三维模型，通过多种文件格式进行实时审阅，而无须考虑文件的大小。Navisworks 软件产品帮助所有项目相关方将项目作为一个整体来看，进而优化从设计决策、建筑实施、性能预测和规划直至设施管理和运营等各个环节。

Autodesk Navisworks 软件系列包含三种产品，即 Autodesk Navisworks Manage、Autodesk Navisworks Simulate、Autodesk Navisworks Freedom 软件。Autodesk Navisworks Manage 软件是设计和施工管理专业人员使用的一款完备的审阅解决方案，帮助用户对项目信息进行审阅、分析、仿真和协调。多领域涉及数据能够整合进单一集成的项目模型，便于用户进行精确的碰撞检测和冲突管理，同时将动态的四维项目进度仿真和照片级可视化功能相结合。

Autodesk Navisworks Simulate 软件具有诸多先进工具，能够帮助用户对项目信息进行审阅、分析、仿真和协调；完备的 4D 仿真、动画和照片级效果制作功能支持用户对设计意图进行演示，对施工流程进行仿真。同 Autodesk Navisworks Manage 相比，Autodesk Navisworks Simulate 软件没有碰撞检测和冲突管理的功能。Autodesk Navisworks Freedom 软件是一款面向 NWD 和三维 DWF 文件的免费浏览器，使用该软件可以使所有项目相关方都能够查看整体项目视图，从而提高沟通和协作效率。

（二）Navisworks 软件的功能特点

1.三维模型整合

（1）强大的文件格式兼容性

Navisworks 软件支持目前市面上几乎所有主流的三维设计软件模型文件格式。需要注意的是，虽然 Navisworks 支持众多的数据格式，但是软件本身不具有建模功能。

（2）模型合并

Naviswroks 可以把各个专业不同格式的模型文件，根据其绝对坐标合并或者附加，最终整合为一个完整的模型文件。对于多页文件，其也可以将内部项目源中的几何图形和数据（即项目浏览器中列出的二维图纸或三维模型）合并到当前打开的图纸或模型中。

在打开或者附加任何原生 CAD 文件时，会生成与原文件同名的 NWC 格式的缓存文件，该文件具有压缩文件大小的功能。

（3）特有的 NWF 文件格式

将整合的模型文件保存为 NWF 格式的文件，该类型文件不包含任何的模型几何图形，只包含指针，可用于返回到打开并在 Navisworks 中对模型进行任何操作时附加的原始文件。随后打开 NWF 时将会重新打开每个文件，并且检查自上次转换以来是否已修改 CAD 文件。如果已修改 CAD 文件，则将重新读取并重新缓存此文件；如果尚未修改 CAD 文件，则将使用缓存文件，从而加快载入进程。

2.三维模型的实时漫游及审阅

目前，大量的 3D 软件实现的是路径漫游，而无法实现实时漫游。Navisworks 软件可以利用先进的导航工具（漫游、环视、缩放、平移、动态观察、飞行等）生成逼真的项目视图，轻松地对一个超大模型进行平滑的漫游，实时地分析集成的项目模型，为三维校审提供了最佳的支持。

该软件平台还提供了剖分、标记和注释的功能。使用剖分功能在三维空间中创建模型的横截面，从而可以查看模型的内部或者某视点的细部图。使用标记或者注释的功能，可以将注释添加到视点、视点动画、选择集和搜索集、碰撞结果以及"TimeLiner"任务中，将模型审阅过程中发现的问题标记出来，以供设计人员讨论或修改。

3.创建真实照片级视觉效果

Navisworks 提供 Presenter 插件来渲染模型，从而创建真实的照片集的视觉效果。Presenter 包含了上千种真实世界中的材质，可利用此为模型渲染，也提供了各式各样的背景效果图、工程真实的背景环境，同时还允许在模型上添加纹理。Presenter 也提供一个由现实世界中的各种光源组成的光源库，用户可以将合适的光源应用在场景中，增强三维场景的真实感。

4.4D 模拟和动画

4D 模拟功能通过将三维模型的几何图形与时间和日期相关联，在 4D 环境中对施工进度和施工过程进行仿真，使用户可以以可视化的方式交流和分析项目活动。Navisworks 允许制订计划和实际时间，通过四维模拟形象直观地显示计划进度与实际项目进度之间的偏差。同一三维模型还可以连接多个施工进度，通过 4D 展示对不同的施工方案进行直接的查看比较，从而选择较适合的施工方案。

利用该软件的动画功能可以创建动画供碰撞和冲突检测用。还可以通过脚本将动画链接到特定事件或 4D 模拟的任务，进而优化施工规划流程。例如，利用动画与 4D 动态模拟的结合，可以展示施工现场车辆或者施工机械的工作情况，也可以演示工厂中机械组件/机器或生产线的情况。

5.碰撞校审

工程项目各参与方之间分工清晰，而合作模糊。各专业的设计成果看起来很完美，然而整合之后会有很多碰撞和冲突之处。Autodesk Navisworks Manage 软件的碰撞和冲突检测功能允许用户对特定的几何图形进行冲突检测，并可将冲突检测结果与 4D 模拟和动画相关联，以此分析空间中的碰撞和时间上的冲突问题，减少成本高昂的延误和返工。

6.数据库链接

Navisworks 提供链接外部数据库的功能，在场景中的对象与数据库表中的字段之间创建链接，从而把空间实体图形与其属性一一对应。除获得相关物体的逼真全貌外，还能轻松地通过数据检索获得相应的属性信息。

7.模型发布

Navisworks 特有的 NWD 格式的文件包含项目所有的几何图形、链接的数据库以及在 Navisworks 中对模型执行的所有操作，是一个完整的数据集。NWD 是一种高度压缩的文件，可以通过密码保护功能确保其安全及完整性，并且可以用一个免费的浏览软件进行查看。

（三）选择 Navisworks 建立可视化系统的原因

Navisworks 的模型整合功能使用户可以根据自己的需要和建模熟练水平选择合适的软件建立三维模型。Navisworks 独特的文件缓存格式可以将模型压缩，减少了查看模型所占用的电脑系统内存，从而可以制作大规模的工程三维场景。实时漫游和审阅的功能支持用户实时地分析集成的项目模型。软件所具有的 4D 模拟功能可以将模型与施工进度链接，直接生成施工过程的可视化仿真动画，从而避免了使用其他软件（如 3D Max、ArcGIS）所进行的二次开发的工作。

外部数据库的链接功能可以利用数据库存储模型属性信息及其他工程相关信息，从而将场景中的模型与其属性一一对应，便于仿真信息的查询。

Navisworks 软件提供软件二次开发的应用程序接口（application program interface, API)，功能强大，开发过程简单，这是选择使用 Navisworks 软件建立可视化仿真系统的关键因素之一。用户可以使用 API 根据自己的目的扩展软件功能，从而实现模型和仿真信息的可视化和分析。

二、以 Navisworks 为核心的可视化实现框架

（一）Navisworks 中可视化信息的数据结构形式

1.Navisworks 中三维模型对象

由于 Navisworks 软件支持几乎所有的三维设计软件（如常用的 AutoCAD、3D Max、Civil 3D 等）所生成的模型文件格式，因此 Navisworks 可以打开并浏览设计人员绘制的模型文件（包括其中的点、线、面、实体、块等对象），同时在原路径下保存为 Navisworks 所特有的与源文件同名的 NWC 格式的缓存文件，其中的 CAD 对象属性不变。

2.Navisworks 链接的施工进度数据

进行工程施工过程的四维模拟时，需要链接施工进度数据。Navisworks 支持多种进度安排软件，如 Primavera Project Management4～6、Microsoft Project MPX、Primavera P6（Web 服务）、Primavera P6 V7（Web 服务）及 CSV 文件（Excel 的一种文件存储格式）。此外，Navisworks 支持多个使用 COM 接口的外部进度源，可以根据需要开发对新进度软件的支持，如 Microsoft Project 2003、Microsoft Project 2007、Asta Power Project 8～10 等进度软件。

3.Navisworks 中模型的属性数据

Navisworks 软件利用外部数据库存储模型的属性数据。Navisworks 支持具有适合 ODBC 驱动程序的任何数据库，如"*.dbf""*.mdb""*.accdb"数据库，但是模型中对象的特性必须包含数据库中数据的唯一标示符，才能完成工程的三维模型与其属性信息的一一对应。例如对于基于 AutoCAD 的文件，可以使用实体句柄。

（二）Navisworks 中信息的可视化组织形式

水利工程施工系统可视化仿真不仅涉及施工场地（地形）、环境、建筑物布置等具有地理位置特征的静态空间信息，而且必须反映地形动态填挖、建筑物施工等大量的动态空间逻辑关系和统计信息。Navisworks 特有的时间进度数据的导入及外部数据库链接的功能，为反映工程施工过程可视化仿真所展示的具有时间、空间特性的数据信息提供了条件。它将三维数字模型与其特性信息通过唯一的标示符连接起来，并且将三维模型与其时间参数按照一定的规则链接，使得组成三维数字模型的每一个图形单元与该单元的时间参数及属性建立一一对应关系，从而为可视化仿真系统数字模型的建立及仿真信息的直观表达提供了条件。

三、Navisworks 环境下的大坝仿真

（一）GIS 环境下的仿真

在我国，将计算机仿真技术应用于混凝土坝浇筑模拟已有三十余年历史。目前，混凝土坝施工仿真的实现过程一般为：从各坝段剖面等二维图形中提取端点或拐点等控制点的参数坐标，通过程序生成虚拟三维模型；考虑混凝土坝浇筑过程中的时间、高差等约束条件，结合仿真原理编写程序来进行施工过程

的模拟计算；根据仿真结果对混凝土坝的三维实体模型分层分块，最后按照浇筑顺序演示。

大坝施工过程的可视化一般以 GIS（地理信息系统）为平台。由于 GIS 本身识别模型格式的限制以及模型建立的复杂性，其实现方式一般为：首先，从仿真模拟计算中获得大坝实体各浇筑块的形体参数和位置参数，并按照一定的顺序写入数据库；其次，在 GIS 系统下二次开发得到一个图形绘制模块，从而读取数据库中的数据并绘制大坝浇筑块，将各个浇筑块的形体数据和属性数据写入数据库中；最后，在 GIS 系统下二次开发动态模拟模块，演示大坝施工过程。

在整个过程中，混凝土坝仿真模型的构建需要获取大量的数据（如大量控制点的坐标信息），该工作非常复杂烦琐，而且对于大坝细部构造的描述不精确；在可视化实现过程中，大坝各浇筑块参数的整理过程非常麻烦，而根据不精确的仿真模型的形体参数生成的可视化模型亦不精确。

（二）Navisworks 环境下的仿真

在本研究中应用的仿真与 Autodesk 技术相结合，将 AutoCAD 嵌入仿真系统中，并充分利用 AutoCAD 的二次开发功能。仿真过程所使用的仿真模型是借助 AutoCAD 软件绘制的大坝三维实体模型。该模型与大坝原型一致，大大简化了数据采集过程，保证了仿真计算的精度，提高了仿真计算的效率。仿真计算过程与 AutoCAD 二次开发技术相结合。仿真计算的过程就是大坝浇筑块生成的过程。随着浇筑信息的产生，程序对三维实体模型自动剖分生成浇筑块，并将浇筑信息自动赋予浇筑块。最终，仿真计算得到的浇筑信息以数据库的形式输出，而已分块的仿真模型则以 CAD 文件的形式存储。

四、基于 BIM 的可视化仿真系统的开发

Navisworks 提供 API，最大限度地扩大对 Navisworks 进行定制的可能，从而减少创造性使用对软件的约束。中国越来越多的开发者对 Navisworks 产生了极大的兴趣，一些国外的开发商也开始投入 API。API 的功能主要有：①将设计模型的交互式版本放在网站上，既便于访问模型也有助于增强他人对设计的理解。②将模型与外部数据库相关联，可调出与 Navisworks 中所选对象相关的外部信息，从而使用户可以利用模型直观、便捷地访问设计、建造和运营信息。③自动将最新设计图纸集编入 Navisworks 模型并生成冲突报告，从而提升工作效率。④将一个交互式的三维窗口嵌入用户自己的应用系统，便于用户探索设计，将快照输出到图片文件中或将视点存回 Navisworks，从而将Navisworks 三维界面用作直观的 GUI 组件。⑤输出模型中所用全部图纸的HTML 报告，其中包括所有红线、冲突报告和标注的图像，从而可以生成定制的输出报告，更好地满足设计要求。

（一）Navisowrks 的开发方式

1.基于 COM 的开发
（1）COM 的基本概念

组件对象模型（component object model, COM）是一种以组件为发布单元的对象模型。COM 组件是遵循 COM 规范编写、以 Win32 动态链接库（DLL）或可执行文件（EXE）形式发布的可执行二进制代码，能够满足对组件架构的所有需求。如同结构化编程及面向对象编程一样，COM 也是一种编程方法。

COM 技术本身也是基于面向对象编程思想的。在 COM 规范中，对象和接口是其核心部分。对于 COM 来讲，接口是包含了一组函数的数据结构，通过这组数据结构，客户程序可以调用组件对象的功能。COM 对象被精确地封

装起来，一般用动态链接库来实现，接口是访问对象的唯一途径。

①COM 对象。虽然接口是 COM 程序与组件交互的唯一途径，然而客户程序与 COM 组件程序间交互的实体却是对象。与 C++中对象类似，COM 对象是类的实例，类则是经过封装的一种数据结构。同 C++中源代码级基础上的对象不同的是：COM 对象是二进制基础上的对象，具有语言无关性；C++对象的使用者可以直接访问对象数据，而 COM 完全将数据隐藏，客户程序只能通过接口来访问对象；C++通过继承，子类可以调用父类非私有成员的函数，而 COM 对象通过包容聚合的方式可以完全使用另一个 COM 对象的功能，并且这种重用是跨语言的。COM 对象由一个 128 位的随机数 GUID（globally unique identifier）来标识，被称作 CLSID（class identifer）。由于 GUID 由系统随机生成，重复率极低，在概率上保证了其唯一性。

②COM 接口。接口是包含函数指针数组的内存结构，而每一个数组元素包含一个由组件实现的函数地址。接口也是一组逻辑上相关的函数集合，内部的函数成为接口函数成员，客户程序使用一个指向接口函数结构的指针调用接口成员函数，即接口指针指向另一个指针 pVtable。一般地，接口函数名称常以"I"为前缀。类似于 COM 对象，接口也使用 128 位的 GUID 来唯一标识。

③COM 接口与对象的联系。接口类只是一种描述，而不提供具体的实现过程。COM 对象实现接口，必须以某种方式将自身与接口类连接，然后将接口类的指针传递给客户程序，进而允许客户程序调用对象的接口功能。

（2）Navisworks

COM API 对于 Navisworks 来讲，2010 版本之前的软件使用基于 COM 的开发方式。COM 接口相对简单，能够用多种编程语言编写代码，例如 C、C++、Visual Basic、Visual Basic Script（VBS）、JAVA、Delphi 编写的组件之间是相互独立的，修改时并不影响其他组件。

COM API 支持大部分和 Navisworks 产品等价的功能，如操作文档（新建、打开、保存、关闭等）、切换漫游模式、运行动画、设置视点、制作选择集等基本功能。除此以外，还可以实现：将模型对象与外部 Excel 电子表格及 Access 数据库链接，从而可以在软件窗口的对象特性区域显示对象的特性；将模型进度与 Microsoft Project 链接，设置项目的时间进度来覆盖原进度；扫描冲突检测结果并且将其存入 html 格式的文件中，包括某些可观测模型冲突的视点的图像；集成 Navisworks 中的 ActiveX 控件的应用，扫描视窗中的对象模型，筛选查询对象信息。

2.基于.NET 的开发

Microsoft.NET 以.NET 框架（.NET Framework）为开发框架。.NET 框架是创建、部署和运行 Web 服务及其他应用程序的环境，实现了语言开发、代码编译、组件配置、程序运行、对象交互等不同层面的功能。.NET Framework 支持的开发语言有 Visual C#.NET、Visual Basie.NET、C++托管扩展及 Visual J#.NET。

从中我们可以看出.NET 框架的主要组成部分是：公共语言运行时（common language runtime, CLR）以及公用层次类库。

①CLR。CLR 是.NET 框架构建的基础，是实现.NET 跨平台、跨语言、代码安全等特性的关键，并且它为多种开发语言提供一种统一的运行环境，使得跨语言交互组件和应用程序的设计更加简单。在程序运行过程中，CLR 为其提供了如语言集成、强制安全及内存、进程、线程管理的服务，简化了代码和应用程序的开发过程，同时提高了应用程序的可靠性。

基于 CLR 开发的代码称为受控代码，其运行步骤如下：首先使用 CLR 支持的一种编程语言编写源代码；然后使用针对 CLR 的编译器生成独立的 Microsoft 中间语言（Microsoft Intermediate Language, MIL），并同时生成运行需要的元数据；代码运行时使用即时编译器（just-in-time compiler）生成相应的机器代码来执行。

②公用层次类库。公用层次类库是.NET 框架为开发者提供统一的、层次化的、面向对象的、可扩展的一组类库，为开发者提供了几乎所有应用程序都

需要的公共代码。.NET Framework 类库通过名称空间组织起来，使用一种层次化的命名方法，其根或顶级名称空间是"System"，在它之下按照功能区的分级制度进行排列。.NET Framework 类库既包括抽象的基类，也包括由基类派生出的、有实际功能的类。这些类遵循单一有序的分级组织，提供了一个强大的功能集——从文件系统到对 XML 功能的网络访问的每一样功能。

底层基础类具有以下功能：网络访问（System.Net）、文本处理（System. Text）、存储列表和其他数据集（System. Collections）等功能。基础类之上是比较复杂的类，如数据访问（System. Data），它包括 ADO.NET 和 XML 处理（System.XML）等。顶层是用户接口库。Windows 表单和 Drawing 库（System. windows 和 System. Drawing）提供了封装后的 Windows 用户接口。Web 包含用于建立包括 Web Services 和 Web 表单用户接口类的 ASP.NET 应用程序的类库。

在 2011 版本之后，Navisworks 软件支持.NET API 开发。.NET API 遵循 Microsoft.NET 框架准则，并在现实应用中逐渐替换 COM API，成为 Navisworks 主要的开发工具。对于 Navisworks 来说，使用.NET API 有很多优势：为 Navisworks 模型的程序访问方式开辟了更多的编程环境；大大简化了 Navisworks 与其他 Windows 应用程序（如 Microsoft Excel、Word 等）的集成；.NET Framework 同时允许在 32 位和 64 位操作系统中使用；允许使用低级的编程环境来访问较高级的编程接口，例如使用 VS 2008 编写的插件同样可以在 VS.NET 2003 环境下使用。

.NET API 可以调用 COM API。虽然.NET API 较 COM API 有诸多优势，然而.NET API 仍属于探索发展时期，有些功能仍无法实现。开发者应查看 COM API 是否可以实现该功能，通过 COM API 实现该功能后，用.NET API 调用。

3.NWCreate 开发

Navisworks 软件还提供了一种独特的开发方式——NWCreate 开发。

NWCreate API 可以通过 stdcall C 或 C++接口访问。C++为首选语言，但是用户也可以使用支持 stdcall 接口的任何语言，其中包括 Visual Basic 和 C#（借助 P/Invoke）。

NWCreate 可实现的功能主要有：创建自定义的场景和模型；加载自定义的文件格式，即对于专有的三维文件格式或者 Navisworks 当前不支持的其他任何格式，用户可以使用 NWCreate 编写用于 Navisworks 的专有文件阅读器，或者创建在其使用的软件中运行的文件导出器。

（二）API 组件

API 提供的用于访问 Navisworks 的组件主要有三种：

1.插件

用户使用编程语言制作一个插件，然后存储在 Navisworks 软件的安装包下使其成为软件的一部分。API 中插件的性能很强大，功能很丰富。新增的插件扩展了 Navisworks 自身的功能，帮助用户充分利用软件中交互式的三维设计来访问模型，查询模型信息。这类组件的主要功能是添加自定义的导出器、工具、特性等。

2.自动化程序

自动化程序可以帮助用户自如地使用 Navisworks 中常用的功能，实现软件的自动化。其主要功能有：打开和保存模型、查看动画、应用材质及进行冲突检测等。

3.基于控件的应用程序

ActiveX 组件允许将 Navisworks 的三维功能嵌入用户自己的应用程序或网页中，从而可以设计出自己的项目管理平台，享用强大的三维演示和交互功能。

第三节　水利工程建筑物
三维可视化建模

实现水利工程动态施工仿真信息的可视化查询与分析功能的必要条件是建立一个能够形象逼真地展现工程施工总布置的三维数字模型。该模型应该详细地表现施工场地地形面貌、工程所有建筑物及施工设施的布置、渣料场的使用及地形填挖等动态与静态的信息。

可视化仿真系统中的工程场景是综合利用 Navisworks 软件及各种建模技术生成的。该场景的建立过程经历了原始数据的采集处理、数字地形及各种建筑物建模，最后导入 Navisworks 中渲染等一系列活动。

一、三维模型的构造方法与建模技术

人们从图形上获取的工程信息通常比直接从电子表格或者文本中获取的信息更全面、更快速。因此，三维模型的可视化设计受到了越来越多人的关注。实物的特征不同，其模型的构造方法不同，采用的建模技术也不相同。

（一）三维模型的构造方法

1.规则物体三维模型的构造方法

对于几何形体较规则的建筑（如开挖/填筑曲面、大坝等），三维模型的构造方法可以用描述形体特征的面（三维面或面域）表示法和实体几何表示法。构造建筑的实体模型，一般可通过几何布尔运算（差集、并集、交集等）和基本变形操作（如切割、平移、旋转等）。

2.不规则物体三维模型的构造方法

对于几何形体不规则的物体（如施工场地的地形），一般采用曲面建模方法。曲面一般由一系列网格组合而成，即把曲面分解成许多四边形网格或三角形网格，采用平面逼近曲面的方法。通常网格数目越多，逼近曲面的精度就越高。

（二）三维模型的建模技术

1.CAD 实体建模技术

CAD 实体建模的全过程是利用 CAD 软件系统（Autodesk、Rhino、3D Max 等）来实现的，通过操控鼠标在计算机屏幕上的软件工作空间中直接绘制模型实体，或者利用模型库中已有的基本形体的元件通过实体的编辑修改操作（如布尔运算、基本变形操作等）组合成实体空间几何模型。

2.参数化实体建模技术

参数化实体建模技术是一种通过相关几何关系组合一系列用参数控制的特征部件而构造整个几何结构模型的技术。

整个建模过程被描述成一组特征部件的组装过程，而每个部件都由一些关键的参数来定义。参数化实体建模与上述 CAD 实体建模的不同之处就在于：前者注重实体几何模型的完全参数化，用户与模型的交互只能通过修改参数实现；而后者则侧重实体建模过程的用户参与，用户操作 CAD 软件系统，从而控制实体的位置、结构、形体等。这种方法大大简化了可视化平台的建模过程，适用于围堰、溢洪道等的实体建模。

3.特征建模技术

特征建模技术是基于一系列预定义特征的技术，其基础是已经完成加工的特征。特征建模技术的步骤一般可归结为：①定义模型几何特征信息，如结构形体特征、位置约束、几何尺寸、精度等；②搜索已有的几何数据库，将模型的几何特征与预定义的特征相比较，从而确定所需特征的具体类型及相关信

息；③将确定的特征参数按照其位置约束进行组合，从而完成物体的可视化
实体建模。这种方法一般适合洞室类建筑物的建模，如导流洞、泄洪洞、引
水洞等。

二、数字地形模型的创建

（一）数字地形模型的种类及数据源的处理

数字地形模型（digital terrain model, DTM）是对原始地形特征的一种数字
表达，是整个水利工程施工三维数字模型的重要组成部分。它是所有工程建筑
物布置及施工活动的场所。

对于地形表面的描述方式，目前采用比较多的是规则栅格模型（grid
model）和不规则三角网（triangulated irregular network, TIN）模型。规则栅格
模型是用一组大小相同的栅格来描述地形表面，其存储量小且数据结构较简
单，但其算法实现比较复杂，适用于地形较为平坦地区的地面模型的建立。TIN
模型是由分散的地形点按照一定的规则构成的一系列不相交的三角形网格，它
可以清晰明确地描述地形高低起伏的变化，适用于地形比较复杂的山区地面模
型的建立。水利工程一般都建在地形起伏较大的高原和山区，因此采用 TIN 模
型来描述地表 DTM 较为适宜。

要建立地表 DTM，首先要通过地质勘测获得施工场地的地形等高线数据，
然后转化成常用文件格式，如 AutoCAD 中的".dwg"格式的文件，并且确保
每条等高线都有高程属性。生成曲面时，密集的等高线高程点并不能保证曲面
更精确，反而消耗更多的资源，从而影响速度；等高线高程点过少，或者有明
显过高或过低的高程点会造成地形高程出现明显错误。因此，为了提高系统运
行的速度，确保生成的地形准确，必须对生成 DTM 的地形等高线预先处理，
消除由等高线过于密集、信息缺乏或者信息错误造成的三角形网格构造异常。

按照施工场地的使用情况,将等高线的高程间隔设为不同值。对于主要施工场地一般间隔 1～5 m,特别是整个河床部分,由于关系到工程主要建筑物与地形的匹配情况,可取 1 m 间隔;而工程地的偏远区域,一般等高线间隔设为 20～25 m;地形的其他区域,如渣料场、临时建筑物或附属性建筑物所在地,等高线间隔可设为 10 m。

(二)数字地形模型的建立

在本研究中,为了便于可视化软件 Navisworks 对地形模型的导入,数字地形 DTM 的建立采用 Autodesk Civil 3D 软件。Autodesk Civil 3D 不仅具备了 AutoCAD 的所有功能,也包含了 Autodesk Map 3D 软件强大的地理空间功能。三维数字地形模型的建立是该软件最有价值的功能之一。

在 Civil 3D 中,三维数字地形模型被称为"曲面"。创建一个新的曲面的步骤如下:首先,在工具空间的"快捷方式浏览"面板上展开要添加的曲面,在"曲面"节点单击右键选择"新建",在弹出的对话框中键入曲面的名称和描述;其次,为新建的曲面添加数据,在图形区域中,选择用来建立地形的所有等高线对象,在浏览选项板上点击展开曲面,在"定义"下的"等高线"节点上单击右键,选择"添加"选项,点击"确定"即可。生成的数字地形模型如图 1-1 所示。

图 1-1　数字地形模型

三、地形填挖技术

地形动态填挖是水利工程施工中必不可少的环节。施工过程中不仅要考虑地形开挖，如基坑开挖、料场开挖、导（泄）流进出口段的土石明挖等，还要对局部进行地形填筑，如施工平台、渣场平台等地。仅有一个精确的原始地形曲面，对于实际施工过程的演示是远远不够的。地形是工程所有建筑物布置及施工活动的受体，因此地形动态填挖实际是对地形 TIN 模型的修改。

具体方法是：首先，确定开挖（填筑）的设计曲面，一般由开挖边坡和大坝或渣料场等实体的底面组成；其次，通过放坡将该设计曲面延伸至原始地形曲面，从而获得开挖（填筑）设计曲面与原始地形曲面的交线；最后，从原始地形曲面 TIN 模型上沿相交线切去填挖设计曲面所包含的区域，同时从填挖设计曲面上沿相交线切除多余的开挖（填筑）边坡，实现填挖设计曲面与原始地形的完美融合，形成一个经填筑开挖后新的地形曲面。地形开挖区域见图 1-2（a），开挖处理后的地形 TIN 模型见图 1-2（b），开挖设计曲面见图 1-2（c）。将地形模型与开挖曲面导入 Navisworks 软件中，添加材质渲染之后的最终效果见图 1-2（d）。

（a）地形开挖区域

（b）开挖后地形 TIN 模型

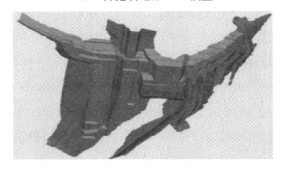

（c）开挖设计曲面

（d）场景最终效果图

图 1-2　地形动态填挖

四、地物实体建模

水利工程还包括主体工程建筑物（如大坝）、临时挡水建筑物（如围堰等）以及临时/永久隧洞等地物实体。这些地物实体模型是空间上静止的数据，可以描述模型的空间位置、形状结构和空间拓扑关系。在本研究中，地物实体包括一个混凝土坝和一个土石坝。

（一）混凝土坝建模

对于混凝土坝三维实体的可视化建模，采用 CAD 实体建模技术。首先按照二维设计图纸将坝体分成若干既相互独立又相互联系的坝段，并且确定坝体各部分的空间形体信息，如非溢流坝段、冲沙底孔坝段、厂房坝段、导流底孔坝段、导流明渠坝段、岸边溢流坝段等的几何尺寸和空间位置等方面的数据。混凝土坝各个坝段的形状是不规则的，因此对不规则的部分进行细分，从而划分出尽可能多的规则形状，如长方体、棱柱体、圆柱体等，再利用 CAD 软件直接绘制该部分的三维实体模型。对于不能继续划分的不规则的基本组成单元，可以通过对形状规则的基本图元进行多次编辑修改操作（如布尔运算交、并、补等）得到。对于形状相同或者相似的部分，可通过多次使用复制、旋转、缩放、切割等操作获得，从而大大提高了建模速度及准确性。然后将完成的基本部件按照其空间结构层次关系组合起来，形成完整的大坝模型，如图 1-3（a）所示。将模型附加到 Navisworks 可视化软件中，添加材质渲染，得到如图 1-3（b）所示的最终效果图。

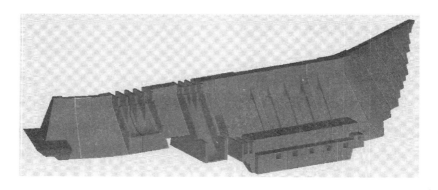

（a）大坝模型

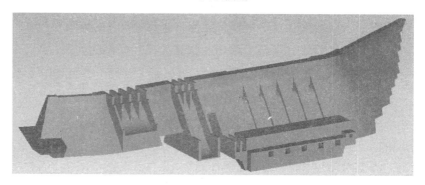

（b）渲染后的大坝模型

图 1-3　混凝土坝建模

（二）土石坝建模

对于土石坝，本研究中也采用 CAD 实体建模技术，运用 Rhino 软件绘制实体模型。首先应根据其填筑材料、各部分结构形式及功能的不同对坝体进行分区。借助 Rhino 建模软件的三维实体建模功能，利用 patch（生成曲面）、Extend（延伸线或者面）、loft（放样）、布尔运算等命令，绘制出土石坝各分区的实体模型，然后组合起来形成整个大坝模型。为了满足可视化仿真系统中土石坝施工的动态演示功能，每个分区应根据填筑料的供给及施工进度计划的要求划分若干填筑层。最终得到可视化仿真系统中土石坝模型，附加到 Navisworks 中，添加材质渲染之后，得到最终效果。

第四节 水电站施工三维动态
可视化仿真系统实例分析

建筑信息模型 BIM 的产生引发了建筑行业的第二次变革。BIM 技术涉及了建筑项目的全生命周期，它的应用极大地提高了工程从规划设计到施工、运营管理各阶段的质量，有效地降低了成本，为建筑行业带来巨大的效益。近年来，BIM 技术也开始向水利行业渗透。

一、某水电站工程概况

（一）工程地理位置及对外交通

观音岩水电站位于云南省丽江市华坪县（左岸）与四川省攀枝花市（右岸）交接的金沙江中游河段。金沙江支流塘坝河口以上约 4 km 干流河段为云南省与四川省界河，再往上则全属云南省境内；塘坝河口以下直至雅砻江口段则全处于攀枝花市境内。观音岩水电站位于塘坝河口上游约 1.5 km 处，为金沙江中游河段规划的八个梯级电站中的最末一个梯级，上游与鲁地拉水电站衔接。电站坝址距攀枝花市公路里程约 87 km，距华坪县公路里程约 40 km，距昆明市公路里程约 420 km，距成都市公路里程约 855 km。坝址左岸有简易公路与华坪至攀枝花市的 S310 省道公路相接，交通便利。

观音岩水电站是以发电为主，兼顾防洪、灌溉、旅游等综合利用的水利水电枢纽工程。其正常蓄水位 1 134 m，死水位 1 126 m，电站装机容量 3 000（5×600）MW。正常蓄水位以下库容为 20.72 亿 m³，调节库容 3.83 亿 m³，水库具有周调节性能。

（二）工程枢纽布置及水工建筑物特征

观音岩水电站采用折坝线坝混合消能方案。引水发电系统布置在河中，岸边溢洪道布置在右岸台地里侧，导流明渠溢洪道布置在导流明渠位置，由导流明渠改建而成。挡水大坝是由左岸、河中碾压混凝土重力坝和右岸黏土心墙堆石坝组成的混合坝。两坝型坝顶间通过 5% 的坡相连。

1. 黏土心墙堆石坝特征

右岸黏土心墙堆石坝的坝顶全长为 319.965 m，坝顶高程 1 141.00 m，最大坝高 71 m。堆石坝顶部宽度为 12 m。心墙顶宽 6 m，两侧坡度为 1∶0.2。心墙填筑量为 44.482×10⁴ m³。为保护心墙不发生渗透变形，在心墙的上下游均布置了两层反滤，上游侧厚度均为 3 m，下游侧厚度均为 4 m。堆石坝上下游坝坡均为 1∶1.8。

2. 碾压混凝土重力坝特征

碾压混凝土重力坝坝顶高程 1 139.00 m，全长 838.035 m，最大坝高 159 m。混凝土坝从左至右依次为：左岸非溢流坝段、左冲沙底孔坝段、河中厂房坝段、导流底孔坝段、双泄中孔坝段、导流明渠坝段、溢洪道过渡坝段、岸边溢流坝段、混凝土坝与堆石坝连接过渡坝段。坝体基本剖面顶点高程 1 139.00 m，上游面坝顶至高程 1 045.00 m 为垂直坡，高程 1 045.00 m 以下坝坡为 1∶0.3，下游坝坡为 1∶0.75。泄洪冲沙建筑物由岸边溢流表孔、导流明渠溢流表孔、双泄中孔和左冲沙底孔组成。岸边溢流表孔孔口尺寸为 13 m×21 m，孔数为 4 孔，堰顶高程 1 113 m，坝后泄槽分两槽，宽均为 33 m，底坡均为 7.5%，泄槽尾部设挑坎，将水流挑入下游河道。导流明渠溢流表孔孔数为 3 孔，孔口尺寸 9 m×

18 m，坝顶高程为 1 116.00 m，坝坡尾部设跌坎，出口顶高程为 1 018.00 m，坝后消力池宽 45 m，池底高程 1 010.00 m，池长 168 m，尾部设消力坎，顶部高程为 1 031.00 m。双泄中孔进口高程 1 045.00 m，每孔进口设事故检修门，尺寸为 5 m×10 m，坝后工作弧门尺寸 5 m×9 m，工作弧门后紧接泄槽，泄槽尾部设舌形鼻坎。左冲沙底孔布置于厂房左侧，进口高程为 1 040.00 m，进口检修平板门尺寸为 5 m×8 m，中部采用直径 6.5 m 的钢管下穿厂房安装间，末端设 4 m×4 m 工作弧门，之后接异形挑流鼻坎，将水流挑入下游河道。

二、基于.NET 的可视化仿真系统开发

通过分析比较 Navisworks 的三种开发方式及 API 提供的组件，确定本系统开发采用基于.NET 的开发方式来制作插件，其中间接调用 COM API 功能，整个开发过程使用 VC#编程语言。

（一）.NET API 主要的类

从.NET API 的角度看 Navisworks，其顶层入口对象称为 Application；用该软件打开的文档称为 Document；文档中加载多个文件，在选择树中显示模型文件的拓扑结构，其中每个文件称作一个 Model；每个 Model 同样有自己的结构，结构中的每一项，不论其级别高低，都视作一个项，称作 ModelItem。用户开发 Navisworks 的过程，就是查找相应的对象，对其属性或方法做相关操作的过程。

由此可见，.NET API 中主要的 API 类有：①Application——Autodesk. Navisworks. Api. Application；②Document —— Autodesk. Navisworks. Api. Document；③Model——Autodesk. Navisworks. Api. Model；④ModelItem——Autodesk. Navisworks. Api. ModelItem。

（二）对象属性

对 Navisworks 软件进行开发，一般需要访问文档中对象的属性。.NET API 提供了相应的访问方法和对象：

①Autodesk. Navisworks. Api. PropertyCategory。

②Autodesk. Navisworks. Api. DataCategory。

选择 Navisworks 中的某模型而出现的特性对话框，会分类显示模型的特性。其中的特性选项卡，如（项目、实体句柄、材质等），被称为 PropertyCategory；特性选项卡内的属性均称为 DataCategory；所有属性集合的整体称为 PropertyCategories。

因此，对模型属性的访问过程为：通过模型项 ModelItem 获知其所有属性的集合，从而能够获得其中的某一类特性 PropertyCategory，最终得到模型所有的属性 DataCategory。

访问属性应通过属性名称来识别，.NET 对模型的属性和集合提供了三类名称：第一，预定义名。预定义名可从其名称得到某种含义，通常不随版本或语言变化，便于使用。第二，内部名。用户一般无法获得内部名的含义，内部名不随版本或语言变化。第三，显示名。显示名是在软件界面上显示的名称，随语言版本变化而变化。

（三）插件的建立

在本系统中，仿真信息的查询显示都是通过插件完成的。插件一般有 5 类：

①AddInPlugin，这是最基本的插件，一般位于插件选项卡中。

②CommandHandlerPlugin，该类插件可以创建包含多命令的插件，并将这些命令添加到自定义的 Ribbon 中。

③EventMatcherPlugin，这是一类事件查看器，在程序启动时自动加载插件来实现事件的启动。

④DockPanePlugin，用户可以创建自定义停靠条，从而停靠在软件窗口中，可以选择隐藏或显示。

⑤CustomPlugin，用户可自定义插件类型，把需要的功能单独制成插件，利用 Navisworks 插件系统区搜索，按需加载插件。建立插件，即要建立一个动态链接库文件。首先添加相应的引用，然后新建一个类，用来继承相应的插件类，并且需要设置类的属性等，编写代码并经过编译后，将动态链接库文件存入软件的安装包中，实现插件的正常使用。

（四）.NET API 对 COM 功能的调用

Navisworks 在.NET API 和 COM API 之间搭有桥梁。对于.NET API 不能实现的功能，需要调用 COM API 来实现。

其中，Autodesk.Navisworks.Api 与 Autodesk.Navisworks.Interop.Api 分别为.NET 与 COM 的程序集，Autodesk.Navisworks.ComApi 为两者之间的连接桥梁。

三、基于 BIM 的可视化仿真系统的实现

在设计和开发观音岩水电站动态施工过程的可视化仿真系统时，融入了先进的 BIM 理念，充分结合了 Navisworks 的功能特点和优势。该系统具有良好的人机接口，易于使用和维护。

针对观音岩水电站工程特性及大坝施工的仿真数据信息，确定本系统的可视化方案如下：首先，根据该工程的枢纽布置情况及水工建筑物特征，创建工程所需的三维可视化模型，并附加到 Navisworks 中作进一步贴图渲染处理；其次，收集整理模型的动态仿真数据，转化成 Navisworks 可以调用的文件格式，利用 Navisworks 特有的数据组织结构来组织模型的时间参数和属性信息；最后，

利用 Navisworks 原有功能及二次开发功能，实现该工程仿真信息的可视化。

该系统实现的功能包括：施工全过程动态演示、分项工程施工动态演示、分项工程仿真信息查询、工程相关信息查看等。

（一）施工全过程动态演示

施工全过程动态演示功能的实现借助的是 Navisowrks 软件中 TimeLiner 模块。TimeLiner 模块将用户导入的建筑物三维数字模型与仿真计算确定的施工进度以实体句柄为标识符，建立一一对应关系，设定恰当的任务类型和起始外观状态后，直接生成施工过程的动画。另外，利用 Animator 模块制作施工场景的巡航动画。将其连接到 TimeLiner 动画中后，可以从不同视点观察工程的动态施工过程，并且对施工进度有整体上的把握。

（二）分项工程施工动态演示

工程中各分项工程在时间和空间上分布均不相同。除对工程整体施工有宏观的认识之外，还需要了解各分项工程的施工情况。分项工程施工动态演示功能有助于用户进一步了解各分项工程。

用户可以根据需要选择 TimeLiner 模块中连接的进度数据是否激活，即模型是否具有时间属性，从而选择单项工程的施工动态演示。

（三）分项工程仿真信息查询

可视化仿真系统提供了工程施工面貌查询和施工强度查询的功能。使用面貌查询功能，用户可以查询施工到某一时刻或者从一个时刻到另一个时刻的工程面貌，以及这一特定时间的施工信息。使用施工强度查询功能，用户可以任意设定开始和结束查询时间，以年或月为单位查询某一时间段的施工强度，并且在界面中显示相应的图像。

（四）工程详细信息查看

使用 Navisworks 的剖分功能，用户可以查看任意高程或任何坝段的平面或立面图，从而了解模型的具体形体信息。

使用审阅工具可向模型中添加注释并保存。本研究中为每个坝段添加浇筑机械信息，从而有助于对施工过程的掌握。

借助 Navisworks 实现水利工程施工的动画演示，验证了该软件在可视化方面的优势。Navisworks 强大的三维模型整合能力，使得可视化系统可以直接应用绘制的三维模型，而无须转化格式；Navisworks 的 Presenter 模块具有丰富的材质库，可以渲染出逼真的三维施工场景；Navisworks 具备 4D 模拟功能，使用该软件的 TimeLiner 模块，将建筑物三维模型与进度时间链接进而直接生成动画，而无须进行二次开发；软件具备实时漫游、剖分、标记和注释的功能，为模型的三维校审提供了最佳支持。对 Navisworks 进行基于.NET API 的二次开发，实现了仿真信息的查询与分析，验证了该软件开发可视化仿真系统的可行性。Navisworks 提供了 API 程序接口，经过分析比较，确定采用基于.NET 的开发方式。本研究实现了各分项工程特定时刻或者某个确定的时间段内工程面貌、工程量和施工强度的查询。本次开发采用 Visual Studio 2008 开发平台、C#编程语言，在开发过程中，程序集中的许多方法可以直接调用而无须用户另行开发，有效地降低了软件开发的难度，缩短了开发周期。

第二章　水利工程河床截流相关施工技术分析——以深厚覆盖层为例

第一节　深厚覆盖层河床抗冲刷稳定性影响因素分析

深厚覆盖层河床抗冲刷的稳定程度将决定截流备料数量、抛投强度、护底深度等问题，直接关系到截流安全和截流成败问题。因此，对深厚覆盖层河床抗冲刷稳定性的研究十分必要。而深厚覆盖层河床抗冲刷稳定性的影响因素主要有覆盖层特性等。覆盖层特性包括覆盖层组成颗粒物大小、深度、表面粗糙程度、顺水向的排列情况及密实度等；水流条件包括流速、水位等；边界条件包括河床束窄程度、导流明渠的分流能力、截流戗堤的尺寸等。

一、覆盖层的组成与分类

水利工程中河床覆盖层为厚度大于 30 m 的第四纪松散堆积物，由土、砂、卵石等组成，受地质和水文条件的影响，不同地区其结构有所差异，且在全球范围的河流中都有分布。依据成因和组成不同，覆盖层可分为淤积和堆积两种类型。

（一）淤积型覆盖层

在坡降较缓的平原地区河道以及沟槽较多的河段，如我国东、南部临海平原地区以及北部多沙河流，覆盖层多由泥沙淤积形成，颗粒均匀，组成物包括淤泥、黏土、粉细砂、中粗砂、砂砾石等，其抗冲刷能力极差。潮州供水枢纽工程、广西长洲水利枢纽工程及黄河海勃湾水利枢纽工程所处河段河床均属于淤积型覆盖层河床。

（二）堆积型覆盖层

各大河流的上游河段往往为河道坡降较陡的山区河道，其覆盖层颗粒较粗、结构较复杂，多为粗粒土层、砂层、砂卵砾石层、含崩块石的砂卵砾石层、含漂卵砾石层等，且孤石分布较多。堆积型覆盖层的成因是：全球气候变化、海平面升降、地壳运动等。冰期海平面大幅下降，导致河流侵蚀基准面下降，河流溯源侵蚀和深切成谷；间冰期海平面大幅回升，导致河流侵蚀基准面上升，产生海侵和河流深厚堆积事件；河谷深切导致沿河大型古滑坡的孕育和发生，形成河流深厚堆积。黄河河口水电站工程所处河段河床属于典型的窄级配堆积型覆盖层河床。

二、龙口水流条件因素分析与试验

与覆盖层稳定性相关的因素主要为流速、水位等。在对黄河河口水电站及黄河海勃湾水利枢纽截流施工前，均进行了截流水力模型试验。通过截流水力模型试验对粉细砂稳定流速进行了研究分析，在截流期间加强水情监测，每日间隔 2 小时对导流明渠分流的水深、流速、流量、水位等情况以及河床截流进占的龙口水深、水宽、流速、流量、水位等情况及时测量，得到了粉细砂稳定性研究的基础数据，并与水力模型试验结果进行了对比，二者基本吻合。

在进行模型试验后均需要对覆盖层的起动流速（即通常所说的最小抗冲流速）进行计算。在进行起动流速计算时，由于淤积型覆盖层和堆积型覆盖层的组成不同，选用的起动流速计算公式也不相同，其中淤积型覆盖层的计算较为复杂。计算时，除考虑覆盖层的级配、水位深度和流速等，还需要考虑卵石形状、卵石排列对覆盖层起动流速的影响。

通过试验，得出了淤积型和窄级配堆积型深厚覆盖层河床截流条件下覆盖层的最小抗冲流速为 0.5～0.7 m/s。水流流速大于 0.5～0.7 m/s 时，就开始对河床产生冲刷作用。当水位抬高、单宽流量加大、龙口流速增大时，水流冲刷能力增强，龙口下游会出现冲坑，冲刷物在冲坑下游呈不规律波纹状排列。

此外，水流在进占方向不同的情况下，对河床冲刷的范围也会发生变化。当单向进占时，水流不对称，会在堤头产生绕流，水流下潜或者上挑，龙口水流分布发生变化，在龙口较宽的情况下，戗堤堤头下游靠堤头处会产生冲坑，另一侧与一般河道相同；当双向进占时，水流对称，在龙口下游形成冲坑。

三、龙口边界条件因素分析

龙口边界条件与水流条件密切相关，且二者相互作用。通过对黄河海勃湾水力模型试验研究及黄河河口水电站工程实践得知：截流进占前，河床覆盖层是自然状态，在龙口束窄过程中，河床覆盖层会因龙口流速的逐步增大发生冲刷，造成变形，进而引起龙口水流条件变化，直到达到平衡状态为止；间歇进占和连续进占两种不同的情况下，覆盖层冲刷平衡状态循环规律又有所不同，通常间歇进占覆盖层冲刷能找到新的平衡，而连续进占时覆盖层的冲刷与龙口水流条件、抛投强度都相关联，当抛投量大于覆盖层及抛投料损失时，戗堤龙口会逐步束窄，当抛投量小于覆盖层及抛投料损失时，戗堤进占会停滞不前，甚至会因水流冲刷而使龙口变大。

第二节   深厚覆盖层河床
截流护底施工技术

在软基河床用立堵截流时，结合我国目前生产力水平，最好预先护底，主要目的是防止冲刷河床，改善龙口的水力学条件，增强截流抛投料的稳定性，从而降低其截流难度，减少合龙工程量，为顺利截流打下坚实基础。

由于软基河床的覆盖层深厚，承载能力低，抗冲刷能力差，对截流戗堤的稳定非常不利，因此如果对河床不进行保护或者采用不完善的保护方案，则龙口附近的河床均可能在水体冲刷下产生巨大的冲坑，造成实质性破坏，导致截流失败。

随着国民经济和科学技术的发展，"行船法"和"先进后退"护底施工方法应运而生，且应用较为广泛，采用时，需根据工程实际和二者的适用范围进行取舍。当河床宽度在200～400 m范围，且水深较浅不利于行船时，可采用"先进后退"法进行截流施工；当河床宽度大于500 m，且水深较深利于行船时，宜考虑"栈桥法"或"行船法"预平抛护底，进行平堵或立堵截流。

一、覆盖层河床截流龙口冲刷特征

深厚覆盖层河床条件下截流，无论是淤积型还是堆积型覆盖层，均存在与覆盖层冲刷关联的难题。

（一）淤积型覆盖层河床截流

淤积型覆盖层抗冲刷能力极差，在龙口落差、流量、流速均较大时，若保护措施不当，就会因覆盖层的低抗冲刷能力及高渗透性等水力特点，使戗堤坡脚遭受冲刷性破坏，以及龙口护底体系的自身稳定遭受破坏等，延长截流困难段时间，造成戗堤多种形式的坍塌而危及施工人员和机械设备的安全，甚至会导致截流失败。

（二）堆积型覆盖层河床截流

山势陡峭、河道狭窄的山区河道，截流一般有龙口落差大、流量大、流速高、施工强度大等特点，会因河道狭窄、水流湍急造成护底施工困难。不护底，堤头会因覆盖层冲刷或淘刷导致坍塌，也会延长截流困难段时间，对后续龙口封堵强度、截流备料量提出了更高要求。

二、龙口护底的作用

为了克服覆盖层冲刷所带来的困扰，必须对深厚覆盖层河床进行防护，采取抗冲刷措施，以减少冲刷带来的一系列不利影响，提高截流成功率和降低安全风险。在深厚覆盖层河床上，尤其是淤积型覆盖层河床上实施护底或平抛垫底，不仅可提高河床的抗冲刷能力，而且可增大河床粗糙程度，提高后续抛投材料的稳定性，减少抛投料流失。

龙口护底的作用具体如下：

第一，保护截流堤及围堰基础覆盖层免遭冲刷，从而减小龙口抛投量，确保戗堤下游坡脚不被高速水流淘刷。在立堵截流过程中，随着口门的缩窄，水流能力集中，水舌会淘刷河底，致使基础覆盖层冲刷严重，造成截流工期延长或失败。如黄河某水电站工程二期截流工程，覆盖层为 18～20 m 厚的中细砂，抗冲流速为 0.6～0.7 m/s，原设计有护底。但施工时，由于冰凌期提前，基本未按设计要求护底。实际截流流量为 770～148 m³/s，流速为 1.7～6.0 m/s，龙口处原河床高程为 813～814 m，而在龙口形成的三角形断面前测得冲刷后的高程为 803 m，比戗堤高度增加了 10 余米，致使 50 m 的宽口合龙历时达 7 天之久，造成施工被动，这是一个失败的案例，类似的还有黄河上游某水电站二期工程。

若先进行护底，则可以避免覆盖层冲刷，减少合龙工程量。如青铜峡工程，龙口覆盖层厚 6.0～8.0 m，截流龙口宽为 42 m，设计流量为 301 m³/s，实际流量为 348 m³/s，流速为 5.0 m/s。由于事先做了平抛护底，大大减少了立堵合龙工程量，仅用 1 天就完成了截流任务，比原计划提前 24 个小时，这是一个成功的案例。

第二，护底可减少龙口合龙的工程量。长江中游某工程截流龙口形成时，覆盖层只有 1.1～2.2 m 厚，单从保护覆盖层的角度考虑，无须护底；但设计中考虑到护底可减少龙口合龙工程量，降低合龙强度，利于提前合龙，故仍进行了护底，并进行了模型试验。

试验表明，护底方案抛投用量仅 16.7 万 m³，若不护底总抛投用量为 25.4 万 m³。覆盖层越深，抛投用量对比越大。汉江上某些工程的经验也表明，进行护底后，特别是平、立堵结合，会大大减少抛投强度，缩短合龙历时。

第三，护底可增加龙口糙率和沿程阻力，降低龙口流速，提高块体稳定性，减少流失量；软体护底材料还能吸收抛投块体与护底撞击时的初始能量，减小向下移动、流失的概率。

伊兹巴什的计算公式在水利工程截流中应用最为广泛，且已被诸多工程实践检验，具有较高的权威和说服力。通过这一公式的变换，在抗冲流速、块体的比重已知的情况下，可推出块体的化引直径，进而得出块体与稳定系数 K 之间的对应关系，得出块体大小和流速之间的对应抗冲稳定规律，进而可得河床护底块石大小对截流覆盖层保护的作用。

已知伊兹巴什的计算公式

$$V = K\sqrt{2g\frac{\gamma_s - \gamma}{\gamma}}\sqrt{D} \tag{2-1}$$

式中，V 为抗冲流速；K 为块体的综合稳定系数；γ_s 和 γ 分别为块体及水的比重；D 为块体的化引直径；g 为重力加速度。

可推导出抛投块体的化引直径 D 与综合稳定系数 K 的平方成反比，再将 D 转换成重量 G，则 G 与 K 值的 6 次方成反比。在流速及抛投材料相同的条件下，龙口糙率越大，稳定系数也越大，抛投块体的吨位则减小。

长江中游某工程曾在 1∶60 整体模型上进行过护底与不护底抛投块体的稳定试验，试验结果表明：25 t 混凝土四面体稳定在戗堤轴线上游的百分比，龙口有护底的为 93.5%，无护底的为 63％。国外经验也表明：不护底，抛投流失量一般达到 21%～33%左右。

第四，护底有利于分流建筑物的分流，能增加分流量，相应减小龙口水深和单宽流量，从而减少龙口断面平均流速增长值。从水力学指标分析，在截流工程施工中，龙口束窄时，由于边束窄边淘底，龙口过水断面始终不减少，上游来水几乎全部从龙口下泄，分流建筑物不分流；但在底部由抛投料物垫高，龙口形成三角形断面后，分流比改善，可迅速截断河水。

第五，避免戗堤产生牵引式滑坡，有利于施工。若龙口不护底，则戗堤头部下游坡脚不稳定，常会出现塌坡现象，特别是抛投中小石时，塌坡更为严重。加了护坡后再试验，上述情况不再出现。

三、护底材料选择

对于覆盖层河床截流，为减小水流对覆盖层河床的冲刷，有条件时，一般需采取护底措施。而对于护底来说，护底材料稳定性非常重要。护底材料稳定一方面可以确保截流工程的顺利实施，另一方面还能确保护底系统自身的安全。护底措施通常在汛期过后实施。对于淤积型覆盖层，会出现水流对护底下游端和护底两侧覆盖层淘刷的现象，对护底体系作用打折扣，为确保护底体系能正常发挥作用，护底前需要对护底材料的粒径、护底施工的范围及护底的厚度进行计算及选择。

国外常用的护底材料有：混凝土块体、钢筋石笼、沉排、竹笼、铅丝笼、柳枕等。

（一）混凝土块体

①不同形状比较：四面体、扭工字体、多角体和空心六面体 4 种块体，工程实践经验表明，有覆盖层时，四面体适应性最好，其次是扭工字体。

②不同重量比较：不同重量的混凝土四面体，以往实践表明，15 t 以下四面体的抗冲稳定性最好。

③不同容重比较：30 t 加铁四面体与 30 t 混凝土四面体相比，当有大石垫底时，加铁四面体稳定性更好。

④串联效果比较：在戗堤头上游侧挑角抛投，串体中的每个块体处在不同的水流状态中，流速较小区域的块体稳定地牵制了其他区域的块体，充分体现了串体个数增加带来稳定性增强的优势。

（二）钢筋石笼

钢筋石笼具有易于取材、透水性好的特点，其稳定性明显高于现场一般的石料。

1.六面体钢筋石笼

①不同重量比较：正六面体钢筋石笼的抗冲稳定性随块体重量增加而增大。

②不同形状比较：条形钢筋石笼的抗冲稳定性与抛投方式无关，块体均能自然变成长轴顺流向落到底板，扁度越大其稳定性就越好；抗冲稳定性与摆放的方式有关，长轴顺水流方向放置的稳定性比垂直于水流方向放置的稳定性好。扁钢筋石笼随着扁度的增大，抗冲稳定性越来越好。

2.四面体钢筋石笼

考虑到四面体重心较低，在结构上易于稳定，并考虑到钢筋石笼的透水性，可充分利用当地石材增大单体尺度等特性，将二者结合起来，构成四面体钢筋石笼，以形成稳定性较好的经济实用的新型截流块体。实践表明：四面体钢筋石笼的抗冲稳定性随块体重量增加也会增大。

对于截流抛投，四面体钢筋石笼的稳定性明显高于正六面体。

由以上分析可知，通常护底材料的选择可遵循以下原则：

①大石、特大石护底时：因石料比重大，稳定性较好，在材料易于获得且运输成本较低时为首选。

②钢筋石笼护底时：为充分利用当地石材，钢丝石笼最为常用。黄河河口水电站及黄河海勃湾水利枢纽工程均采用了钢丝石笼作为护底材料。为提高护底块体的稳定性，往往需先铺护一层中石或大石，再抛投钢筋石笼。淤积型覆盖层河床截流护底施工时，还要结合现场情况采取有选择的反滤保沙、土工膜防渗及防止戗堤坍塌等的辅助措施。

潮州供水枢纽工程的护底材料就体现了很强的综合性，护底材料从底部至顶部依次为：300 g/m² 无纺长纤维土工布一层防冲反滤；50 cm 厚石渣压盖；非龙口区采用 300～1 000 mm 粒径的花岗岩块石压顶；龙口高流速区采用 9 t 重的混凝土六面体压顶，起到加强稳定河床、增强护底的作用。

四、护底范围及厚度选择与确定

护底长度选择（目前尚无实用公式计算），现阶段主要根据模型试验的水跃特性决定。一般经验为：上游顺水流长度为最大水深 2～3 倍，下游为最大水深 3～5 倍，即上、下游护底总长度约为最大水深的 5～8 倍。

护底宽度选择，可按戗堤束窄后覆盖层产生大幅度起动时的口门宽，结合截流程序、进占各阶段的龙口水流条件以及覆盖层的抗冲刷能力计算确定。

护底厚度选择，需要根据河床土质与护底材料的力学性质、护底后形成的水力学变化条件等选定。应不小于 2 倍材料厚度，即至少形成双层铺护。

为解决河床覆盖层深厚且抗冲刷能力小的难题，潮州供水枢纽工程结合工程实际，根据龙口流速的变化，沿戗堤进占方向分上游区、下游区和海漫区采用不同粒径的材料进行河床护底，防止水流对河床底部冲刷增大截流难度。通过水力学计算和水工模型试验，最后选定平抛护底的范围是：沿戗堤轴线方向护底长度为 295 m，沿顺水流方向护底长度为 57～82.8 m，护底面积约为 2.35 万 m²。

黄河河口水电站对龙口处戗堤端头利用铅丝笼进行裹头防护，裹头防护厚度按 2 m 进行。对龙口部位要求将龙口上游 20 m、下游 40 m 范围，顺水流 30 m 范围进行抛石及铅丝笼护底。

黄河海勃湾水利枢纽工程龙口护底范围：左右岸方向长度为 120.0 m（龙口范围），戗堤轴线上游 35.0 m，下游 35.0 m，护底深度 1.7 m。

五、护底措施的实施技术

为了更安全高效地完成河床护底工作，有必要对河床护底施工技术进行更深入的研究，并对护底的施工方法进行研究分析，同时采取一定的辅助措施。

在通航河道实施护底，20 世纪 50 年代国外多用浮桥法、栈桥法，近年来国外已趋于用行船法。可采用开驳或船舶吊装定位抛投等，较为容易，如潮州供水枢纽工程就是采用这种方法取得了成功。

而在河道狭窄、水流湍急的不通航河段实施护底，就显得十分困难，需要研究其他施工方法。大朝山工程截流，水下抛投钢筋石笼采取了自制的双拼翻板浮筒并取得成功。而黄河河口水电站 CⅡ 标工程与黄河海勃湾水利枢纽工程截流，采取船只或者架设栈桥抛投截流材料进行龙口护底均有一定的难度，龙口段护底采用"先进后退"方法进行施工，均取得了成功。

（一）行船法护底施工技术

行船法护底结合潮州供水枢纽工程实例进行研究，具体如下：

1.施工特点和技术要求

（1）施工特点

①截流施工干扰因素多，工期比较紧。西溪一直是韩江流域的主要航运通道，通航运输船舶众多，在截流施工过程中，施工作业船舶与民用船舶协调工作量很大，加大了施工协调难度，施工干扰影响比较大；从工程开工到截流开始施工仅有三个月的准备时间，任务比较重，工期比较紧。

②截流材料的规格品种较多，需分类有序抛投，施工安排、过程控制、协调指挥难度大。护底抛投材料从下往上依次有土工布一层、50 cm 厚石渣、300～1 000 mm 粒径块石（中石、大石、特大石）及 9 t 重的预制混凝土六面体。

③准备项目种类繁多。每种材料需分区测量并在相应位置水面以上设置浮标，混凝土六面体的预制、存放，大石和特大石的选用及分类堆存，各种材料的装车、运输、定位、抛投等的施工准备工作较为烦琐复杂。

（2）技术要求

①平抛护底，必须在设计范围内分区按序进行。

②严格控制抛石的区域和粒径。

③严格控制抛投高程（厚度）。

④在整个抛投施工过程中，需安排专职施工测量人员和质量检验人员，随时检查测量抛投范围、连续性及抛投顶部高程，对局部未抛投或少抛投部位及时补充抛投。

2.护底施工方法

河床护底按以下流程进行施工：测量水面以下原始地形→铺设检验合格的土工布→装船运输石渣料→抛投石渣料→检查石渣抛投质量是否合格→装船运输块石料和混凝土六面体→抛投块石料和六面体→检查块石和六面体抛投质量是否合格。

每道工序施工之前均需对上道工序进行质量检查和地形测量，即：铺设土工布之前，需测量施工区的原始河床地形；平抛护底材料以前，需要测量施工区的河床地形、抛投区的水深、河水流速等，掌握基本情况，确定抛投施工区的水流冲推距离等相关参数；抛填行进过程中还需及时量测抛填厚度，以便及时控制抛填质量使之达到设计要求。

（1）土工布的铺设施工

土工布铺设的施工工艺流程为：土工布质量检查与验收→土工布加工制作成卷→土工布水下铺设→水下检查施工质量→抛压砂袋，使其稳固。

土工布的具体施工方法为：

①土工布宽度为 6 m，用直径为 100 mm 的钢管卷制成卷材，作为一个铺设块，在铺设块一头人工缝合上一个钢制铁圈，单个铺设块需留有一定的富余长度，该长度为铺设长度的百分之五。

②利用全站仪或者 GPS（全球定位系统）测量设备在左、右两岸将工作船定位于抛投施工点。

③土工布需沿顺水流方向铺设，每一段的横向搭接宽度不得小于 100 cm。施工时，将铁圈套到定位钢管上端，并绑上砂袋顺定位钢管下沉。

工作船将土工布沿导线方向平整缓慢展开，再由潜水员水下张拉覆盖至指定部位水下铺设，同时由工作船在水上按照潜水员的信号定点抛投砂袋压稳土工布，随后抛投石块加固。

④为使两相邻铺设块搭接长度有保障且能吻合贴紧，在铺后铺块时，由潜水员将先铺块上的砂袋移开，等两者吻合时再压上；潜水员在铺设过程中需不间断调整土工布的位置，防止因铺偏斜致使搭接长度不满足设计要求。

⑤在水深较浅，水位低于 1.5 m，工作船无法到达的地方，采用人工直接水下铺设土工布的方法。

（2）抛投料的运输方法

平抛护底所需的石渣及块石料采用船舶运输到抛投施工区直接进行抛投

施工，装船地点为料场附近的江边临时码头；预制混凝土六面体采用自卸车从左岸预制场直接运至抛投护底施工部位。

（3）石渣的抛投施工方法

①设置指挥船、测量船、交通船及工作船。施工时，在抛投点下游设置一艘锚艇作为临时指挥所，一是用来指挥抛投工作船行驶至指定位置进行抛投作业，二是用来观察记录抛投工作船的抛料位置及抛料数量。另设置一艘锚艇作为交通与测量用船，指挥锚艇、测量锚艇和工作船之间采用对讲机通信和传递信息，形成通信网络，确保施工持续有效向前推进。测量锚艇要在抛填区持续不间断测量，对整个施工区形成动态的不间断控制机制，且要在施工过程中把测量结果及时反馈给抛填船。

为进一步确保水下抛填作业的施工质量，增设测深仪加强测量工作，提高全站仪定位效率和精准度，以满足抛填船的定位和河底地形测量需要。

②抛填石渣试验。为确保抛填效果，单次抛投施工前，需提前采用测量锚艇测定水流流速、抛投点水深，并要推算出它们与抛投块体粒径、抛填物水下行走距离之间的数学关系，进而确定抛填船在水面上的停放抛投作业位置，保证抛填物能随水流滑落于规划指定抛填区域范围内，保证石渣的抛投位置符合设计要求。

③抛填石渣施工。在抛投工作船定位停稳后，采用人工抛填，并安排2～3人用测深仪探测抛投作业点处的水深，以确保抛填料的厚度与连续性满足设计要求。

（4）块石和9 t混凝土六面体抛填施工

块石和9 t混凝土六面体抛填施工前需安排潜水员对石渣抛填厚度、平整度、宽度等进行复测和检查，满足设计要求后，还要对9 t混凝土六面体的投放基础面进行整平，上述准备工作完成后才能进行块石和9 t混凝土六面体的抛填施工，以保证施工质量。

块石和9 t混凝土六面体抛填施工作业流程为：土工布铺设施工→石渣抛

填施工→石渣抛填面检查及平整施工→9 t混凝土六面体抛填施工→9 t混凝土六面体上、下游侧护底块石抛填施工。

施工方法：运输采用甲板式驳船，运输至指定位置后，停稳固定，中石采用人工搬运抛填至指定部位；大石、特大石及9 t混凝土六面体采用甲板上安装的起重机进行均匀投放和抛填，确保投放物能按指定路线到达相应规划位置。

实际施工时，为保证施工质量和提高工作效率，现场施工人员结合施工河段水位涨落幅度比较大的特点，为充分利用低水位时段的时间，在戗堤施工设计范围内从左岸至龙口位置进占填筑4.5 m高的临时小型戗堤。也就是在河床水位较低的时段内采用进占法修筑戗堤，用载重式汽车运输、50 t履带吊吊放预制混凝土六面体，同时边吊放边在放置好的预制混凝土六面体之间的空隙内回填石渣，形成下一循环作业的工作面。

9 t混凝土六面体护底块材主要放置于主龙口区，采用梅花形方式布置抛填块，顺水流方向共14排，垂直水流方向共23排，实际抛投面积约为1834.56 m²。

在抛填9 t混凝土六面体施工过程中，个别抛填块底部存在大石块，致使混凝土六面体预制块出现了倾斜现象，现场人员采用的处理方法是：利用反铲将块石消除整平后，再接着进行混凝土六面体的定位抛填施工。

3.行船法的优缺点、适用条件及注意事项

潮州供水枢纽工程是典型的深厚覆盖层截流案例，其在截流流量大、水流流速高、截流水流落差大的工况下，通过采取选择合适粒径的抛投料、低水位时段施工、加强施工质量控制、实抛试验确定各项抛投参数等工程措施，成功完成了龙口河床平抛护底施工，最终实现了成功截流的目标。由此说明，在深厚覆盖层的河流上进行截流，平抛护底的工程措施是非常有必要的，方案也是合理可行的。但从中也不难发现，由于采用传统的船舶进行护底施工，施工过程中需要投入大量的人力、物力，且具有一定的安全风险，协调工作量较大，抛投精确度控制难度较大，且适用于水位较深可以行船的河道。

同时，在抛投施工过程中，还要注意以下几点：

①在抛投材料施工之前需进行抛投试验，通过试验确定石渣、块石漂移距离与水深和流速之间的关系，并尽可能选择水流流速小时进行抛投，流速大的时候停止抛投，以减少材料损失量。

②抛填施工前要进行河床复测，以保证石渣和块石的抛填厚度。

③抛填施工时，龙口护底下游石渣边缘与块石边缘边界需平顺连接，避免形成跌坎，形成相对集中的跌落水流，对下游河床造成冲刷破坏。

④在抛填施工过程中，为确保抛填位置的准确性及护底的施工质量，投放位置要正确，应勤对且对准，每次投放施工后派专业潜水员跟踪检查，及时处理发现的问题。

⑤为确保施工安全，在护底施工过程中，水上作业人员也要求穿救生衣；并且要与航道局和港监等政府工作部门联系，设置行进方向的航标，保证船舶正常通航。

⑥应保障施工作业船在抛填区域内航行作业，以确保施工安全。

（二）"先进后退"护底施工技术

在水深较浅、河床较宽的河段，采取船只或者架设栈桥抛投截流材料的方法进行龙口护底有一定的难度。为了解决不易行船、效率低等难题，经过多次召开专题讨论会及试验研究，结合黄河河口水电站和黄河海勃湾水利枢纽工程的工程实践，研究出了"先进后退"的护底施工方法。

"先进后退"护底法，是指先从河床单侧预进占至设计龙口位置，进行龙口段护底施工，下部填筑大块石，上部填筑砂砾石满足车辆交通要求，水流从河床另一侧过流，在护底完成后，采用后退法挖除设计护底高程以上的砂砾石部分，最终形成龙口。这一方法解决了不易采用船只、栈桥护底的施工技术难题，是钆堤截流护底的新方法。下面结合黄河河口水电站和黄河海勃湾水利枢纽工程两个工程实例做具体介绍：

1.黄河河口水电站工程护底及截流工程实践

黄河河口水电站在第一次截流准备工作中，因河床地质资料缺乏准确性，且对现场实际地质资料未进行二次补充勘测，直接利用原有地勘资料进行常规河床截流设计，2010 年 10 月份开始组织截流前的备料、龙口选择及确定、分流建筑物泄流校核等常规截流准备工作。

2010 年 10 月 24 日开始龙口段合龙施工，合龙流量为 500 m³/s。但在整个合龙施工过程中发现龙口位置合龙至 50 m 范围时龙口合龙速度减缓，单侧进占速度只有 1.5 m/h，当龙口合龙至 30 m 范围时，整个合龙速度停滞，通过采取加大抛投强度、增大抛投料粒径及抛投特殊截流材料（四面体、六面体、十字钢以及钢桁架等特殊抛填材料）等措施后仍未见起色，现场专家对龙口水流情况及抛填强度进行查勘后指出：龙口位置位于主河床深覆盖层区域，且已对河床覆盖层产生较大冲刷，致使抛投料伴随河床冲刷被带走，无法在龙口位置止动稳定；加之一期建筑物上游围堰分流缺口位置选择不合理，分流效果不理想，致使上游水量绝大部分仍通过龙口泄流，并未实现伴随龙口合龙而使分流建筑物的分流量逐渐增大而减小龙口合龙难度的目的。龙口覆盖层深度不明确，加之分流效果不理想等诸多不利条件，造成常规截流方法实施失败。

随后，科技攻关小组邀请中国知名专家研究讨论，得出以下结论：①截流戗堤沿线地质资料不精确，对戗堤沿线河床地质情况反映存在偏差较大，致使截流方案未按照深厚覆盖层河床截流进行设计。②在河床地质资料的影响下未结合河床走向对主河床位置进行判别，致使龙口位置错误地选择在河道主流向上，使其位于河床深覆盖层上。③对龙口底部护底不彻底，龙口护底材料抗冲稳定系数取值偏大，造成护底块石粒径相对较小，在龙口流速加大时，其止动稳定性明显小于方案设计值。④一期建筑物上游围堰分流缺口位置选择错误且缺口处堰体拆除深度不足，未能保证其有效过水断面。⑤在进行分流建筑物分流验算时，未对分流堰体缺口分流量进行验算，造成堰体缺口分流量严重小于设计分流量，导致截流水力计算体系模型改变，设计数值在实际施工中无法采用。⑥在截流备料里对龙口合龙区抛填料备料不足。实际施工中各区抛投料流失量均大于 15%，在龙口即将形成"V"形时抛投料流失量达到 35%。⑦各区抛填料粒径相对偏小，从而加大了龙口抛填料流失量，直接造成备料不足。经过上述一番研究讨论，最后一致认为需采取补充地质勘探、调整龙口位置、优化护底方案（扩大护底范围）、改善分流条件等措施。

最后的焦点落在了护底实施技术上。经过多次研究讨论和专题会议，拟采取"先进后退"护底法进行施工，具体如下：

（1）截流施工

①改善分流条件。对电站一期围堰进行大面积拆除，同时确保拆除部位水下部分的拆除质量，确保不在水下残留堰坎，改善一期堰体部位的过流条件。同时对泄流建筑物下游进行疏通，以保证截流施工中的分流效果。

②截流程序。本工程截流程序主要为：在上游右岸泵站处修路至上游围堰右堰头，在上游左岸 2#导墙外侧修路至上游围堰左堰头，同时储备截流材料→左岸戗堤向中间预进占→裹头防护→右岸截流戗堤向中间预进占→截流龙口合龙。

③截流戗堤施工。

戗堤填筑施工均分三个阶段进行：第一阶段为左岸戗堤段预进占，即在正常截流标准下，戗堤从左岸向右岸方向沿原设计戗堤中心线预进占，直至设计龙口位置处，之后对其裹头进行防护；第二阶段为右岸截流戗堤预进占；第三阶段为龙口合龙施工阶段，龙口合龙时间为 2010 年 10 月 28 日—11 月 2 日。

左岸非龙口段戗堤及龙口护底戗堤施工。龙口护底戗堤预进占施工利用左岸一期围堰堰顶将一期围堰拆除石渣料运至戗堤抛投，待右岸戗堤进占至设计龙口部位时停止截流戗堤进占施工，同时沿龙口部位戗堤端头沿上、下游方向进行加宽施工，每侧加宽宽度为 10 m，使之在裹头部位形成长 30 m、宽 40 m 的平台，作为截流施工时不同抛填料运输车辆在裹头处的会车平台，直至设计龙口处为止。

　　之后对龙口处戗堤端头利用铅丝石笼进行裹头防护，裹头防护厚度按 2 m 进行。采用"先进后退"法护底技术对龙口部位进行护底施工，要求将龙口上游 20 m、下游 40 m 范围，进行抛石及铅丝石笼护底。

　　护底作业完成后将龙口部位预进占戗堤填筑料倒退式挖除，同时对底部护底进行压顶防护，直至戗堤挖除至设计龙口边线处。

　　右岸非龙口段预进占施工。预进占施工利用右岸 312 国道将一期围堰拆除石渣料运至戗堤抛投。首先，戗堤预进占采用自卸汽车抛填进占。在进占过程中，根据堤头的稳定情况分别采用两种不同的抛投施工方法，即：全断面抛投，自卸汽车在堤头直接卸料；水位较深的情况下抛填时，采用卸车在堤头集料，并用 TY220 推土机配合赶料进行抛投。其次，预进占期间，因龙口流速不大，主要抛填砂砾石料，根据围堰进占具体情况适量抛填大石等特殊料物。再次，在右岸截流戗堤预进占推进到龙口护底部位时即形成龙口，龙口宽度为 80 m。预进占形成设计龙口宽度后，对预进占戗堤采用大块石或钢筋石笼进行适当裹头保护，裹头厚度按 2.0 m 控制抛填。最后，右岸戗堤裹头处同左岸一样设置会车平台，以满足龙口合龙施工时各种抛填料的抛填强度要求。

　　龙口段截流施工。当该右侧戗堤进占至设计龙口位置时，从龙口两侧戗堤同时进占合龙。截流戗堤龙口段采用全断面推进的方法进行施工。采用大石料、钢筋石笼以及葡萄串块石等抛在堤头上游角迎水侧抗冲稳角，石渣料、中大石料、特大石料、钢筋石笼和混凝土六面体齐头并进，全断面进占。为满足截流抛投强度需要，结合堤头的防护稳定情况，尽量多选用自卸汽车直接抛填施工，少采用自卸车堤头集料、推土机赶料抛投的方式施工。在容易坍塌的抛填区段采用堤头赶料的方式抛投，自卸汽车在堤头卸料，堤头集料量约 100 m³，由 TY220 推土机配合赶料抛填。龙口由 45 m 至 30 m 合龙过程中，其流速相对较小，根据截流设计不同区域计算的稳定粒径要求，先在戗堤上游侧抛投稳定粒径出水面，紧接着在戗堤下游侧及水面以上回填混合石渣料跟进，依次循环向前进占。在进占过程中，根据水流实际情况，不断调整戗堤上游侧抛投料粒径，确保其不被水流冲走。

龙口由 30 m 至 5 m 合龙过程中，为截流最困难时期，此时，单个料已无法站稳。需将多个铅丝石笼、葡萄串用 4 股 8# 铁丝或废旧钢丝绳串联在一起并推入戗堤上游侧站稳，紧接着在戗堤下游侧及水面以上回填混合石渣跟进，依次循环向前进占。龙口最后 30 m 合龙抛投料调整如下：

龙口由 30 m 至 20 m 合龙过程中，根据实际水流情况适当调整抛填料。先在戗堤上游抛投 2 车铅丝石笼和 1 车葡萄串，紧接着在戗堤下游侧及水面以上回填 5～6 车石渣和 1～2 车块石料跟进，依次循环向前进行。

龙口由 20 m 至 10 m 合龙过程中，根据实际水流情况再次调整抛填料，需高强度地抛投大粒径抛投料，同时需沿龙口裹头处加大混凝土四面体的抛投量用以稳定裹头底部，减小抛投料的流失量。先在戗堤上游抛投 2 车铅丝石笼、1 车葡萄串和一个六面体，紧接着在戗堤下游侧及水面以上回填 4～5 车石渣和 2～3 车块石料跟进，依次循环向前进占。

龙口最后 10 m 合龙过程中，适当调整戗堤轴线使其与纵向导墙垂直（减小戗堤长度，适当改变水流流态），先将 10 m 桁架采用推土机通过预先固定在纵向导墙上的滑轮组拉入龙口固定，在 10 m 桁架拉入龙口固定好后，先将 2～3 个十字撑连接在一起用反铲下入龙口，同时采用推土机在戗堤上牵引固定，然后抛投 2 车铅丝石笼、1 车葡萄串和一个六面体将十字撑压住，紧接着在戗堤下游侧及水面以上回填 4～5 车石渣和 2～3 车块石料跟进，最终成功实现黄河河口水电站深厚覆盖层河床截流。

（2）机械设备配置

根据截流抛投强度 420 m³/h 配置挖装设备。挖装设备主要选用液压反铲（斗容 1.2～3.0 m³）7 台，所配设备挖装能力为 27 万 m³/月，满足 1.3 的保证系数。另外，选用推土机 2 台、挖装设备 3 台、汽车吊 2 辆投入截流施工。

"先进后退"施工法的成功实施，为后续截流成功奠定了坚实基础，也证明了这种方法在实践中是可行的、实用的。

2.黄河海勃湾水利枢纽工程护底及截流施工

黄河海勃湾水利枢纽工程是在黄河河口水电站截流成功之后的又一个建在深厚覆盖层之上的大Ⅱ型水利工程，由此，黄河河口水电站截流经验自然被该工程拿来借鉴，同时，"先进后退"护底法在该工程中也得到了完善和检验，也使该方法在继黄河河口水电站成功实施之后第一次得到了成功推广和运用。实施过程如下：

（1）截流施工

①截流前完成的主要工程项目。左岸导流明渠工程具备过水条件，并通过有关部门组织的截流前完工验收；完成上游围堰戗堤的预进占工作，预留龙口宽度100 m，保障右岸去上游戗堤、下游围堰的施工道路畅通无阻；备足围堰截流的砂石料、块石料以及钢筋石笼、钢构架石笼、混凝土块体等截流材料。

②截流料场规划及交通道路布置。右岸上游围堰预进占及截流施工道路，主要为坝址右岸专用施工道路，用于截流材料运输至上游截流戗堤右端头或龙口，同时新修一条约410 m的临河道路通往上下游围堰。左岸进占道路利用导流明渠桥及其施工道路，截流合龙时利用左岸预进占戗堤。

③截流施工特点与程序。

a.施工特点：按照现场地形环境及河床枢纽布置形式，围堰堰体较长，右岸与黄河岸边连接，左岸堰头与导流明渠右堤相接，跨明渠导流明渠桥完工，坝址右岸施工道路状况较好。

b.截流程序：修筑连接戗堤的临时施工道路→截流备料及截流准备→右岸戗堤预进占施工→戗堤龙口块石护底施工→左岸戗堤预进占施工→截流龙口合龙→闭气。

④截流戗堤施工。戗堤填筑施工分三个阶段进行：

第一阶段为2010年10月21日—11月22日，根据防凌工作需要截流戗堤非龙口段预进占，右岸戗堤预进占进行到380 m桩号处（在完成120 m河床截流龙口护底）后，反挖护底填筑部分至260 m桩号处形成裹头，左岸戗堤预进占 380 m 桩号后停止进占；下游围堰右岸进占在进行到 338 m 后停止进占。由于黄河乌海段水深较浅（工程坝址处水深 2.5～4 m）、河床宽度约 540 m，采取船只或者架设栈桥抛投截流材料进行龙口护底有一定的难度，因此龙口段护底采用"先进后退"方法进行施工，已获得专利。在上游围堰戗堤完成右岸预进占后，利用河床低水位时段，在戗堤龙口位置从右岸向左岸进行河床护底施工。护底范围为：左右岸方向长度 120.0 m，戗堤轴线上游 35.0 m，下游 35.0 m，护底深度 1.7 m。具体施工方法为：采用超长度预进占，占压龙口位置，进占龙口期间在龙口部位水下部分抛填大块石和铅丝石笼，再后退挖除部分水下及水上部分，边挖除边整理龙口护底。也就是沿戗堤轴线方向修建一条高出水面 50 cm 左右的进占平台，施工时采用自卸汽车端抛，推土机、反铲配合赶料，块石护底以上采用填筑砂砾石跟进，垫层高出水面 50 cm，进占到达 120 m 后拆除护底以上砂砾石层，沿原路返回到 120 m 后修建右岸裹头，左岸预进占在龙口护底完成以后进行。

第二阶段为 2011 年 3 月 13 日—3 月 18 日，进行上游围堰剩余部分非龙口段戗堤进占，左岸预进占抵达龙口护底位置（非龙口段预进占至 475 m～380 m 桩号范围）后，完成左、右岸戗堤剩余 10 m 预进占（260 m～270 m 桩号范围，380～370 m），形成 100 m 宽度龙口。预进占施工利用右岸施工道路或左岸明渠围堰道路将料场的石渣料运至戗堤抛投。填筑采用左右岸备用料场砂砾石料及右岸 EL.1080 平台和左岸 EL.1073 平台的备用渣料。戗堤预进占均采用小松 PC360 或 CAT323 挖掘机配 20 t 自卸汽车挖运石料抛填进占。在进占过程中，根据堤头的稳定情况分别采用两种不同的抛投施工方法，即：全断面抛投，自卸汽车在堤头直接卸料；水位较深的情况下抛填时，采用卸车在堤头集料，并用 TY220 推土机配合赶料进行抛投。预进占期间，因龙口流速不大，主要抛填砂砾石料，根据围堰进占流速变化情况适量抛填大石等特殊料物。预进占形成设计龙口宽度后，对预进占戗堤采用大块石或钢筋石笼进行适当裹头保护，裹头厚度按 2.0 m 控制抛填。下游围堰预进占配合上游预进占施工。

第三阶段为截流戗堤龙口合龙阶段。选用单戗立堵方式截流，合龙从左、右岸向中间进占抛填，随着截流合龙过程的向前推进，龙口渐渐束窄，上游水位逐步壅高，左侧导流明渠分流泄水量也慢慢增加，龙口处的过流量渐渐变小，同时龙口处上、下游水位差在逐步增大，龙口水流流速增加。在截流过程中，在水流流速不大时，先选用一般石渣进行填筑，待一般石渣有冲刷时，为增大抛投料的稳定性，减少块料流失，选用较大粒径的石渣抛填，准备特大块石、钢筋石笼、混凝土块体等在必要时使用，以提高投抛体的本身稳定，防止抛投料的流失。

龙口段采用截流戗堤全断面推进方式和凸出截流戗堤上游侧挑角的方式进占，堤头部位采用直接抛投方法施工。

龙口段第Ⅰ区段抛投。采用砂砾石料、30 cm 以下中小石料并肩前进，全工作面同步进占。为满足龙口抛投强度需要，结合堤头的稳定状况，尽最大可能采用自卸汽车直接抛填施工，个别情况采取堤头处集料、推土机赶料的方式进行抛投施工。

龙口段第Ⅱ区段抛投。此区段是龙口进占进程中相对较为困难的区段，采用提前进占上游侧挑角的方式进行施工，即在堤头的上游侧，和戗堤轴线成 30°～45° 夹角的方向，采用 60 cm 以下粒径的中等块石料进行抛填施工，形成防冲矶头条带，使水流在防冲矶头的下游侧形成回流，减少冲刷，小石、砂砾石等小型材料尾随进占。此段视堤头的稳定情况，部分采用自卸汽车直接抛填和 TY220 推土机密切配合赶料的方式抛填。

龙口段第Ⅲ区段抛投。该区段是龙口进占最困难的区段，采用 80 cm 大石料、钢筋石笼或葡萄串、混凝土块体等特殊截流材料抛在堤头上游角，砂砾石料、中大石料、特大石料并肩前进，全工作面同步进占。为满足龙口抛投强度需要，结合堤头的稳定状况，尽最大可能采用自卸汽车直接抛填施工，个别情况采取堤头处集料、推土机赶料的方式进行抛投施工。

⑤截流主要施工设备配置。挖装设备主要有液压反铲（斗容 1.2～2.0 m³）

8台，液压装载机（斗容3.0 m³）2台，所配设备挖装能力为28.6万 m³/月，满足1.3的保证系数。另外，选用推土机4台、汽车吊3辆（1辆备用）投入截流施工。

（2）"先进后退"护底施工方法研究成果分析

海勃湾水电站围堰处地层岩性是以粉砂、细砂为主，若采用传统边进占边护底的方法，那么由于随着龙口不断被束窄，流速将逐步增大，易造成剩余龙口部位河床覆盖层（粉细砂）不断被冲刷，抛投材料容易流失，且龙口部位河床受冲刷后高程降低，将会导致截流困难增大。结合现场实际采用"先进后退"法预先对龙口段河床进行抛石护底，占压龙口位置，增加河床糙率，截流合龙时，在一定程度上能降低抛投材料流失量，降低了截流难度。

第三节　深厚覆盖层河床截流抛投料

深厚覆盖层河床截流在护底措施和戗堤预进占工作完成后，其后续龙口合龙段截流的难题也就发生了转变，按照目前的国外工程实际情况，通常采用立堵截流方式，因此深厚覆盖层合龙龙口截流的问题转变为一般情况下立堵截流的问题。同时，立堵截流时又会遇到以下问题：在龙口抛投施工时，常因抛投料的稳定性不够而造成截流龙口的封堵难度大幅增加，造成抛投料的流失量加大，从而加大了抛投料的用量，同时要求更高强度的抛填施工。深厚覆盖层河床截流时，对截流备料储量及备料质量方面要求高，所以确定满足稳定性要求的截流抛投料的体形、重量及数量，以保证截流备料既经济又能满足施工要求显得尤为重要。

一、截流抛投材料种类选择

（一）石料

石块容重较大，抗冲刷能力强，较易获得，也比较经济，所以一般均优先选用。国外不少工程根据可利用的石料拟定相适应的截流方案，成功地完成了一些艰巨的截流任务。近年来，国外的大型截流工程只采用大块石这一种材料的例子很多。

（二）混凝土块体

大型混凝土块体落在相对光滑的块石基础上，抗冲刷能力较低。但是混凝土块体在同种材料基础上（粗糙边界）能抵抗很大流速。当块体高度和龙口水深接近时，稳定性显著提高。另外，混凝土四面体由于制作使用方便，所以得到广泛使用。在平堵截流中，有的工程采用稳定性更好、透水性更强的异形块体。近年来，国外的一些工程曾利用废弃的钢筋混凝土预制构件，也有将数根构件绑扎成捆使用，效果较好。

（三）石笼或石串

对于中、小型工程，因受设备能力限制，所采用的单个石块或混凝土预制块体的重量一般不大。当龙口水力条件不利时，常采用各种石笼（如铅丝石笼、钢筋石笼等）或石串。对于大型工程，也有采用石笼、石串或混凝土块体串者。实践发现，在戗堤堤头若采用上游侧挑角处抛投，则串体的稳定性都优于单体的稳定性。因此，在实际截流中，如果串体中有部分块体落在流速较小的区域，就可提高其稳定性。

二、截流抛投材料尺寸确定

（一）石料尺寸的确定

通常石料按以下步骤选择：

①初步估算，平堵按密集断面考虑；立堵不考虑冲刷面的形成与发展，根据《水利水电工程施工组织设计手册》，戗堤进占前沿边坡按 1：1.5，此时，可直接按照伊兹巴什公式变换公式：

$$d = \frac{1}{2g\frac{\gamma_s - \gamma}{\gamma}}\left(\frac{v}{K}\right)^2 \tag{2-2}$$

式中，d 为块石折算为球体的直径，m；v 为作用于块石的流速，取戗堤轴线断面龙口平均流速，m/s；γ_s 为块石容重，取 $\gamma_s = 2.5$ t/m³；γ 为水的容重，取 $\gamma = 1$ t/m³；K 为稳定系数，根据以往类似截流经验，取 $K = 0.8$。

②当计算出的 d 值过大时，则按不同情况分别处理。当需要的石块重量与起重运输设备能力相比大的不多时，对于平堵可允许其戗堤形成扩展断面，对于立堵则允许其形成坡度较缓（如 1：2.5 至 1：3）的冲刷面，据此重新计算石料粒径，K 值根据斯特芬逊公式计算：

$$K = \sqrt{2\cos\theta\sqrt{\tan^2\phi - \tan^2\theta}} \tag{2-3}$$

式中，θ 值为戗堤进占前沿面与水平面之间的夹角（即 1：2.5 至 1：3 时对应的角度值），其值及其对应的边坡系数值取决于材料和龙口水流的相互作用；ϕ 值取决于块径和底部边界的粗糙程度。因为 d 未知，所以计算时需要先大致选择相应的 ϕ 值，通常情况下按照以下方式选择：

①当以较大块石为主时，如 $d > 0.5$ m，可取 $\phi = 40° \sim 42°$。

②当以石渣为主时，如 $d > 0.2$ m，可取 $\phi = 35° \sim 37°$。

③当砂卵石料或抛石料护底很光滑时，可取 $\phi = 30° \sim 35°$。

（二）混凝土块体尺寸的确定

混凝土块体的稳定特点与一般块石有所不同。根据伊兹巴什公式，综合稳定系数 K 值会随岩面糙率及块体高度和水深的比值变化，只能根据经验大致估算混凝土块体尺寸，加之混凝土块体的特殊稳定规律，计算值只能作为参考。通常根据水力模型试验和现场拥有的运输设备、起重设备能力控制。

以往工程实践和施工经验表明，提高块体的重量，从直接作用和体积变化两个方面均提高了块体抗冲刷能力。

（三）串体尺寸或重量的确定

串体和单个块体相比，其稳定性复杂得多。除了单个块体的稳定性因素，还取决于串联方式和每个块体入水后在不均匀流速场中位置以及不等重块体的排列顺序等因素，理论上块体直径还是按照伊兹巴什公式估算，V 值采用戗堤轴线断面的平均流速，d 是单个块体的化引直径。对于稳定系数 K，混凝土四面体取值范围为单个 0.7，两个 0.73，三个 0.77，四个 0.81；大块石取值范围为单个 0.72，两个 0.76，三个 0.79，四个 0.81。实践中的串体大致分为两类，其重量是按经验确定的。

①葡萄串。由石块串联而成，在不易获得大块石时，利用中小块石预先串联起来，总重量按起重运输设备能力控制。

②巨型混凝土块体串和大块石串。通常是在戗堤前沿临时将 2～4 个大块体串联起来，其中单个块体重量按起重运输设备能力控制。

（四）石笼和其他材料尺寸的确定

一般根据经验和水力模型试验决定。

三、截流抛投材料数量选取

结合当前工程技术水平发展情况，合龙段戗堤截流多采用立堵方式，所以这里仅针对立堵截流进行研究。

（一）合龙段戗堤工程量的计算

按照立堵截流时，设计戗堤断面的工程量计算公式为：

$$W = \bar{B}Q \qquad\qquad (2\text{-}4)$$

式中，W 为戗堤体积，m^3；$\bar{B}$ 为龙口平均宽度，m；Q 为戗堤断面积，m^2。

截流备料数量要充分考虑抛投料流失量，否则会因截流材料不足导致截流失败。黄河河口水电站在预截流时，所有备料基本全部用完，且发现抛填施工时每个区的抛填料粒径相对偏小，存在流失量大于设计流失量的现象。故在正式截流时调整了各区对应流速下块石稳定的当量粒径计算公式参数，将公式中稳定系数 K 由第一次的 0.85 调整为 0.8，进行了各区抛填料粒径计算。同时将各区的流失率进行放大，对应龙口抛填料备料量按 30%～50% 的流失量进行备料。通过正式河床截流方案实施后发现，二次备用料实际流失量为 17%，且发现在龙口困难区流失率达到 21%，其他各区抛填料流失率在 14%～17%。

黄河海勃湾水利枢纽工程截流时，吸取黄河河口水电站的施工经验，在右岸储备块石料约 1.3 万 m^3，砂砾石料约 5 100 m^3；同时储备截流特殊材料，钢筋石笼 900 个，混凝土四面体 20 个，葡萄串 100 串等，放置于右岸备料场。左岸导流明渠上游裹头平台备块石料约 1.0 万 m^3，砂砾石料约 3 500 m^3，钢筋石笼 200 个。

所以，备料数量按照相关公式计算出抛投强度后应考虑不均匀系数，可按照设计量的 1.2～1.5 倍考虑，个别工程为 2 倍，一般按照截流损失 30% 富余量考虑即可，最终确定截流备料数量。施工时再按照确定的备料数量，计算出抛投强度，来进行资源的合理配置。

（二）不同粒径材料数量的确定

在立堵截流时，理论上一般按照截流过程中水力参数的变化来计算相应的材料粒径和数量。常用的方法是将合龙过程按照宽度划分为若干区段，按分区最大流速计算所需材料粒径和相应数量。实际上，每个区段通常也不是只用一种粒径材料。

截流设计中除了计算，一般均参照国外经验来确定不同粒径材料数量比例。根据国外工程资料的统计结果可知：实际所用特殊材料的数量约占龙口段总工程量的 15%～30%，一般情况下约为 15%～20%，不利条件下可达 30%。

如果按最终合龙段统计，则特殊材料所占比例约为 60%，立堵截流时，最大材料粒径的数量一般按照困难区段抛投总量的 1/3 考虑。

采用水力模型试验对设计方案进行模拟检验，对设计方案进行优化，最终确定抛投料的种类、尺寸、数量等。

四、截流设计方案实例

这里主要结合黄河海勃湾水利枢纽工程实例进行分析。

（一）施工导流标准及建筑物特性分析

1.导流标准

该工程采用上、下游修建土石围堰挡水、左岸修建导流明渠泄水的方式进行导截流，进行导流明渠左侧土石坝及导流明渠右侧泄洪闸和电站厂房的施工。导流标准为 10 年一遇洪水，相应洪峰流量 4 000 m³/s，上游水位 1 071.48 m，坝址处水位 1 068.58 m。

2.导流建筑物

（1）导流明渠

导流明渠位于枢纽左侧，左岸土石坝的右端头，左右两岸分别设有堤坝，总长度为 1.22 km，底板设计宽度为 140 m，两侧边坡坡比为 1:2.5，渠底自上游向下游纵向坡降为 0.5‰，进口处底板高程 1 063.50 m，出口处底板高程 1 062.89 m。为防止水流对其左、右岸堤坝及底板的冲刷，两侧堤坝边坡和明渠底板均采用块石铅丝笼防护，铅丝笼底部铺设一层 600 g/m² 的无纺土工布，起到反滤防止水土流失的作用；同时对明渠进口处右堤前沿裹头采用混凝土衬砌防护，防止冬季流凌对堤头造成破坏。为使一期基坑形成连续的防渗体系，阻止明渠水流侧向渗入基坑，在导流明渠右堤（近河床侧）堤顶沿堤打设高压防渗墙，并与基坑上、下游围堰防渗体相连。

（2）河床上下游施工围堰

依据设计图纸，黄河海勃湾水利枢纽工程导流建筑物位置：上游围堰布置在坝轴线以上约 135 m，下游围堰距坝轴线约 275 m，在围堰左端头左侧与导流明渠上下游裹头衔接。

（二）截流方案设计

1.截流时间选择

根据黄河河流水文特性以及满足截流前后的各项控制性工程的要求，施工导流进度预进占时间选择：第一阶段 2010 年 10 月 21 日—11 月 22 日，戗堤预进占及预留龙口护底；第二阶段 2011 年 3 月 13 日—3 月 18 日，开始上游围堰剩余部分进占，具备合龙条件；下游围堰预进占配合上游预进占施工。

2.截流设计标准及流量

根据黄河海勃湾水利枢纽工程坝址枯水时段（11 月至次年 5 月）各月的 5 年和 10 年一遇旬平均流量设计成果与相关规范要求，10 年一遇（$P=10\%$）11 月下旬平均流量为 981.0 m³/s。设计人员综合考虑到枢纽上游来水量的不均衡性、间断性和突发性等因素，为降低安全风险，最终选定截流时的标准流量为 $Q = 1\ 000\ \mathrm{m^3/s}$。

3.截流方式及位置选择

根据上游围堰处的地形、地质条件，并考虑到截流难度和工程量等因素，对截流方式进行以下分析和控制：①黄河海勃湾水利枢纽工程通过截流水力模型试验研究分析粉细砂稳定流速，当水流流速大于 $0.5 \sim 0.7\ \mathrm{m/s}$ 时，就开始对河床产生冲刷，不能满足计算的龙口最大流速 $3.4\ \mathrm{m/s}$ 时的水力要求，所以需对龙口段河床进行护底。②上下游围堰河床水深不大，覆盖层深，采用架设浮桥和栈桥、渡船等平堵截流的技术复杂，施工不便，工期不足，而立堵截流在国外实际工程中应用广泛，适用性更强。③左岸进占需要通过导流明渠围堰或跨导流明渠桥，交通不甚方便，干扰较大，不能确保进占强度。右岸交通方便，截流道路容易布置，单戗截流施工简单，可以集中抛投，大大缩短了合龙时间。通过综合考虑，截流采用单戗双向立堵法截流，截流以右岸进占为主，以左岸进占为辅。也就是选择由左、右岸向中间单戗双向进占的截流方式，左岸预进占约 106 m 时形成裹头，右岸进占 280 m 时形成裹头，龙口位置预留 100 m。下游围堰截流配合上游围堰截流施工，以降低截流难度。

4.截流进占及截流设计

截流戗堤布置在上游围堰的下游侧，为上游围堰的一部分，其轴线与上游围堰轴线距离约为 10 m。戗堤从导流明渠右堤至黄河右岸岸边，其断面形式为梯形断面，堤顶宽度为 15.0 m，上下游边坡坡比均设计为 1∶1.75，顶部高程为 1 068.50 m，全堤堤顶总长约为 570 m。

$$Q = m \times B \times (2g)^{1/2} \times H_0^{3/2} \qquad (2\text{-}5)$$

式中，B 为龙口平均过水宽度；H_0 为龙口上游水头；m 为流量系数；g 为重力加速度。

对于立堵截流，非淹没流时流量系数 $m = 0.32$，则：

$$Q = 1.42 \times B \times H_0^{y/2} \qquad (2-6)$$

当龙口上游水头为 3.675 m，龙口宽度为 100 m 时，水位壅高约 60 cm，龙口泄水能力 $Q = 1\,000.4$ m³/s，接近截流流量 $Q = 1\,000$ m³/s 标准，满足截流设计流量要求。

为使龙口合龙时间尽可能缩短，同时保证预进占段端头不遭致冲刷破坏，减少龙口河床受到的冲刷，确定龙口宽度为 100 m。

5.龙口抛投料选择及设计数量

在导流明渠分流后，截流流量 $Q = 1\,000$ m³/s 时，经水力学计算，龙口宽度由 100 m 减小为 20 m 的过程中，龙口流速由 1.84 m/s 逐渐增至 3.14 m/s，龙口流速逐渐增大，截流龙口河床位置冲刷较大，为了减小截流龙口合龙施工难度，改善龙口糙率，避免截流时龙口河床被大面积冲刷，合龙前需预先进行块石河床护底。

根据截流水力参数变化曲线分析，龙口在 20 m 至 5 m 的合龙过程中，龙口单宽功率较大，接近三角区，戗堤进占到 20 m 至 5 m 时，是龙口截流抛石最困难的时段。此段龙口最大流速 $v = 3.41$ m/s，需要预先储备钢构架石笼、钢筋石笼或混凝土块体等特殊截流材料在截流关键时使用。

Ⅰ区：龙口合龙由 100 m 缩减至 60 m 范围时，抛填料粒径选择为 30 cm 以下混合料。

Ⅱ区：龙口由 60 m 缩减至 20 m 范围时，抛填料粒径为 60 cm 以下块石混合料，同时及时进行裹头防护。

Ⅲ区：龙口缩减至 20 m 范围后接近三角区，该区段是龙口进占最困难区段，采用 80 cm 大石料、钢构架石笼、钢筋石笼或葡萄串以及混凝土四面体等截流特殊材料。

6.截流抛投备料及其工程量

截流备料主要为上游围堰戗堤裹头、龙口混合料（包括块石料）以及龙口截流特殊材料，料源为左右岸堆放料场，运距约 0.5 km。下游围堰配合上游围堰施工料源不占用备料场材料。

设计截流龙口段抛投总量 17 935 m³（含 30%～50%的流失料），其中砂砾石料 6 147 m³，块石用料约 11 688 m³。左岸储备块石料约 3 700 m³，砂砾石料 2 600 m³；右岸储备块石料约 8 000 m³，砂砾石料约 3 550 m³。同时提前储备钢构架石笼、钢筋石笼以及混凝土块体等特殊截流材料放置于备料场。

五、截流施工水力模型试验实例

这里主要结合黄河海勃湾水利枢纽工程实例进行分析。

（一）截流布置、截流方式及截流流量确定

1.截流戗堤轴线和龙口位置

截流采用单戗堤、右岸单向进占立堵法。为防止河床覆盖层冲刷，同时增加河床糙率，改善截流抛投材料的稳定性，减少流失，降低截流难度，应预先对龙口河床进行平抛铅丝石笼护底。

截流戗堤为上游围堰堰体组成部分，戗堤轴线布置在围堰轴线的下游侧 10 m 处。截流戗堤断面为梯形，堤顶宽 15.0 m，堤顶高程 1 068.50 m，边坡为 1∶1.75。初拟龙口宽度为 100.0 m。

2.截流流量选择

①以设计截流时段，即按 12 月中旬 5 年一遇平均流量 711 m³/s 作为本次截流模型试验基本流量。

②龙口区护底：龙口区采用护底加固。范围为戗堤轴线上游 30 m，下游 60 m，水流中心线左、右各 70 m，护底抗冲流速为 2～3 m/s。

③龙口段抛投强度：113.2 m³/h。

④铅丝石笼尺寸为 1.5 m×1.0 m×0.75 m，笼内块石粒径不小于 20 cm。

（二）试验目的与内容的确定

1.试验目的

检验截流建筑物布置与设计的适宜性和合理性。检验内容包括戗堤轴线、戗堤断面、龙口位置与宽度、戗堤顶高程等，并通过试验，对龙口位置、龙口宽度、戗堤高程等提出建议。

2.试验内容

①根据进占分区观测确定龙口宽度工况下的水力要素。

②进行截流抛投模拟试验。检验设计抛投强度、抛投材料（含材质与粒径、级配）及抛投分区的合理性，并通过观测预进占戗堤（及抛投后龙口段断面）的稳定性和抛投体在水中的抗冲稳定性，提出河床预进占及不同龙口分区抛投料的材料特性、不同抛投料的适宜抛投时机、合理的抛投位置，测定抛投料流失量与分布。

③测量截流后戗堤及周边地形的最终形态。测量内容包括河床最终地形与材料分布、戗堤最终断面等。

（三）试验工况的选定

原始河床地形作为水力模型试验的模拟工况。

（四）模型设计、制作和测点布置方案

1.模型设计

根据试验要求及场地条件，考虑上游来流平稳和河道比降相似，确定模型截取范围为：戗轴线上游 500 m，下游 1 400 m。

模型比尺定为 $\alpha_l = \alpha_h = 70$，相应的流速、流量、时间、糙率、重量比尺分别为：

$$\alpha_v = \alpha_l^{\frac{1}{2}} = 8.37$$

$$\alpha_Q = \alpha_{l^2}^{\frac{5}{2}} = 40\,996.3$$

$$\alpha_t = \alpha_l^{\frac{1}{2}} = 8.37$$

$$\alpha_n = \alpha_l^{\frac{1}{6}} = 2.03$$

$$\alpha_g = \alpha_l^3 = 343\,000$$

2.模型制作

满足导流明渠及河道糙率要求，导流明渠及河道地形均采用水泥砂浆抹面。预进占裹头上下角以形似 1/4 锥体施放，模型糙率满足相似要求。

3.测点布置及精度

上游固定水位测点位于 0－450 m，下游固定测点位于 1＋315 m。龙口上下游水面线采用活动测针量测。流量采用电磁流量计量测，精度为±0.5%；水位采用固定测针、活动测针和水准仪量测，精度为±0.1 mm；流速采用旋桨式流速仪量测，精度为 2%～3%。

模型制作及模型试验依据《水工（常规）模型试验规程》（SL155—1995）及《施工截流模型试验规程》（SL163.2—1995）进行。

（五）试验成果探讨

1.导流明渠的泄流能力

为确定截流期间的分流量，本试验对导流明渠过流泄流能力进行了测试，得到了导流明渠水位流量关系曲线。

2.定龙口条件下各级龙口宽度的水力要素

试验分别对固定龙口宽度 $B=100$ m 及 $B=40$ m 流速分布进行了测试。龙口宽度为 100 m 时，表面最大流速发生在固定龙口中心线戗轴下 33.60 m 处，其值为 2.02 m/s。

龙口宽为戗堤顶高程处的龙口宽度。龙口流量采用差值法，即用各工况下的上游水位实测值查本试验的泄量曲线，得到龙口流量。单宽流量 q 为水面以下平均水面宽的过流能力。龙口水位落差即戗堤轴线上游 33.60 m 至下游 33.60 m 的水位差。单宽功率为龙口单宽流量与落差之积。分流比为导流明渠的流量与 771 m³/s 流量之比。

3.逐车进占截流试验

①抛投体块径的选择主要决定于抛投体的抗冲稳定性。根据国外的一些立堵截流工程，一般采用伊兹巴什公式计算抛投体块径：

$$V = K\sqrt{2g\frac{\gamma' - \gamma}{\gamma}D} \qquad (2\text{-}7)$$

式中，γ' 为抛投材料的容重，t/m³；γ 为水的容重，t/m³；D 为换算为球形抛投料直径，m；K 为和相对糙度等有关的综合系数；V 为试验中实测的流速值。

按块石容重 $\gamma' = 2.65$ t/m³，考虑现有石料级配情况，经估算，筛选出块石粒径 D 为 0.23 m、0.34 m、0.57 m、0.47 m 的四级石料作为截流的抛投料。相应模型抛投石料粒径为 3.30 mm、4.80 mm、6.80 mm、8.10 mm 四级。逐车进占抛投时，戗堤上游挑角处观察石子的稳定情况，发现有向下游漂移、滚动，即换大一级石块，逐级更换，直至合龙。

②逐车抛投进占截流。设计方面提出，截流时拟采用载重量 15 t（体积为 9.6 m³）的自卸汽车 20 辆。抛投强度为设计给定数据 113.20 m³/h。

按每小时 113.20 m³ 计算，单车进占时间为 180 s。由选定的抛投料粒径，经量测，石料毛容重按 2.65 t/m³ 计算，每车装石料 9.6 m³、重 15 t。

抛投顺序采用先抛戗堤上游角，后在戗堤中部抛投，再在戗堤下游角抛投，依次逐车进占的方法。对于每一个部位的顺序是：先在上游侧将石料抛入水中，待石料露出水面后再向下游移动，这一个部位的抛石露出水面再移到下一个部位，下游角抛石露出水面后，移到上游角，连续循环进占。龙口缩窄到一定程度时，流速增大，当发现块石在上游角开始漂移、滚动，作为抛石料的稳定标准，此时更换大一级粒径的石料。大块石在上游角形成挑流，戗堤中部和下游角流速减小，此时戗堤中部和下游角可沿用原来的小一级粒径石料。这样逐级抛投进占，直至全部合龙为止。模型试验结果表明，截流合龙所需时间为 31 小时 45 分 0 秒，共抛投石料 635 车，抛投量为 6 096 m³。

③截流合龙试验成果。逐车进占抛投位置、顺序、抛投石料粒径、抛投工程量及各区进占所需时间。

Ⅰ区的抛投量为 1 440 m³，用了 7 小时 30 分；Ⅱ区的抛投量为 1 410 m³，用了 7 小时 21 分；Ⅲ区的抛投量为 1 267 m³，用了 6 小时 36 分；Ⅳ区的抛投量为 1 114 m³，用了 5 小时 48 分；Ⅴ区的抛投量为 863 m³，用了 4 小时 30 分。试验中每小时平均抛投 113.20 m³。

随着龙口宽度的逐渐缩窄，上游水位逐渐抬高，龙口落差逐渐增大，当接近合龙时，龙口上下游落差为 0.56 m。随着龙口宽度的逐渐缩窄，龙口流量逐渐减小，当龙口宽度缩窄到将近 7 m 时，过水断面呈三角形，继续进占时龙口流量随时间的递减率减慢。随着龙口宽度的逐渐缩窄，龙口流速逐渐增大，当缩窄到龙口宽度为 40 m 左右时，龙口中心线表流速为 2.45 m/s 左右。当龙口宽度继续减小时，过水断面呈三角形，水流收缩加大，流速系数减小，龙口流速也随之减小。

④抛投体粒径的合理性分析。由试验结果可知：Ⅰ、Ⅱ、Ⅲ、Ⅳ、Ⅴ区抛投石料粒径 $D = 0.23 \sim 0.57$ m，根据逐车进占龙口宽度测得的断面平均流速值，用伊兹巴什公式计算 K 值。

本工程截流试验 $K = 0.50 \sim 0.82$，平均 $K = 0.61$。根据以前研究成果，国外一些立堵截流工程综合系数 K 为 $0.5 \sim 1.0$ 左右。本次试验 K 值介于上述值之间，说明各进占区抛投石料粒径的选择基本合理。

（六）水力模型试验成果分析

①通过试验设计的戗堤轴线、戗堤断面、龙口位置与宽度、戗堤高程等是合理的。

②试验中用实测各工况的上游水位，采用差值法来确定龙口流量。当龙口宽度分别为 100 m、80 m、60 m、40 m、20 m 时，龙口流量分别为 121 m³/s、116 m³/s、109 m³/s、93 m³/s、42 m³/s。

③本工程利用导流明渠导流，在河道过水断面侧向缩减 18.30%的情况下，进行截流试验，设计提出共分为五区抛投，试验先在龙口上游戗台上游抛石，然后抛投龙口戗台中部和下游部分，设计提出验证试验按抛投强度为 113.2 m³/h 进行试验，整个截流时间为 31 小时 45 分 0 秒，共抛石 6 096 m³，比理论计算值大 3.45%。

④鉴于龙口段覆盖层 10 m 厚，抗冲流速较小，龙口用铅丝石笼护底是必要的。护底范围不小于戗台护脚线上 10 m、下 20 m（特别是下游）。护底厚度为 1 m 左右。

⑤在逐车抛投进占的情况下，随着抛投时间增加，龙口宽度相应缩窄，龙口流量随之减小，龙口上下游落差相应加大，合龙后，最大落差为 0.56 m。当龙口宽度为 40 m 时，龙口流速最大为 2.45 m/s；当龙口宽度小于 10 m 时，水流侧收缩影响较大，流速系数较小，流速有所减小。

⑥在固定龙口宽度情况下，按试验实测龙口平均流速及抛投石料粒径，得出综合系数 K 值在 0.50～0.82。截流前，应力争将导流明渠前清理干净，以增加分流量，保证合龙的顺利进行。

第四节　深厚覆盖层河床降低截流
施工难度的技术措施

深厚覆盖层河床截流时通常会遇到以下难题：当龙口流量、流速、落差均较大时，若保护措施不当，就会因覆盖层抗冲稳定性差，在截流过程中冲刷严重形成破坏，或渗漏形成管涌性破坏；在立堵截流过程中，在龙口即将形成"V"形时，龙口水流单宽能量会逐步加大，对河床覆盖层冲刷严重，造成护底体系自身破坏和戗堤多种形式的坍塌破坏等，对施工人员与机械设备安全造成威胁，进而延长截流困难时间；如果龙口处戗堤裹头的防护方案不当，则截流过程中会因河床冲刷致使裹头坍塌。

一、护底体系形成前阶段探讨

（一）进行模型试验，提供设计依据

委托有资质的科研单位或高校做水工模型试验或数学模型试验。试验成果可为截流设计提供支撑依据，也可用于指导工程实践。为更好地应用试验成果，可让截流设计人员、指挥人员及技术人员组织召开专题会议，进行研讨、学习和交流。

（二）依据地形勘测资料，合理选择龙口位置

前期方案编制阶段，通过对已有地质资料进行详细分析，并对河床现场实际地层情况进行取样探测，对围堰截流戗堤沿线地层进行补充勘探，尽可能详尽地了解围堰底部河床地质情况，为龙口位置的选择、河床防护方案的确定奠

定基础。研究深厚覆盖层河床分布，根据勘测资料选择截流龙口位置；进行水力模型试验，根据龙口在不同流速下的抛投强度、抛投料粒径大小及坝后河床冲刷情况，逐步调整和完善龙口位置。

注意事项：尽量避开"V"形河床主河道部位；选择岩基坚硬、地势较为平缓的部位；尽可能选择无覆盖层或覆盖层较薄的部位。

（三）科学选择截流方式

截流方式一般有平堵、立堵、平立堵、立平堵等。平堵截流需架设浮桥或栈桥，自卸车通过浮桥或栈桥将截流材料运送至河床向水中逐层抛投，均匀上升，至戗堤露出水面，全部切断水流。在平堵截流施工中，龙口流速小，渣料分布较均匀，截流材料粒径较小。

立堵截流又分为单戗、宽戗和双戗等。立堵截流是从两岸或某一岸将截流材料运向河床，抛投进占，逐渐束窄龙口直到整条河道完全断流。立堵截流无须架设浮桥或栈桥，准备工作简单，投资较少。立堵截流法的运用会随着戗堤进占逐渐束窄河床，龙口流速较大，且由于不均匀的流速分布，常运用较大重量的块体。

平立堵截流是先垫高或防护河床，在大流量、高落差条件下，采用减轻施工难度的方法进行截流。

立平堵截流是先采用立堵的方式进行进占，随后实施平堵合龙。由于深厚覆盖层河床截流施工时采用立堵方式对河床冲刷严重，不利于龙口合龙及整个堰体的稳定，故在实际施工中多选先平堵后立堵的方式进行。

（四）改善分流条件，降低龙口处水流落差

导流建筑物分流能力的强弱，对截流难易程度起着决定性作用，分流能力越强，截流落差越小，截流难度也越低。分流能力的大小又取决于导流建筑物的规模、布置位置、平面和断面尺寸、上下游围堰的拆除是否彻底及下游水位

的高低因素等。实测资料统计显示，截流开始后的大部分时间都处在小落差大流量过程中，落差只在最后短时间内迅猛增长，困难工作段时间很短。

首先，合理确定导流建筑物尺寸、断面形式和底高程，提高分流能力。

①常见的分流建筑物有明渠、隧洞、底孔、泄水闸孔及其辅助消能设施等，其水流状态可能是有压流、堰流或明渠流，实际中多半是以上几种单一类型的组合体。对于有压流通过提高流量系数、扩大控制断面尺寸、提高有效作用水头等措施可增大分流量，降低截流难度。

②对于明渠流可通过增大底坡、减小糙率、增大过水断面、减小湿周来增强分流能力。根据明渠均匀流公式 $Q = AC\sqrt{Ri}$ 及 $C = (1/n)^{1/6}$，$R = A/X$ 知，当糙率 n、渠底纵坡 i 固定不变时，流量 Q 与过水断面面积 A 的大小成正比，与湿周 X 成反比。根据上述分析，在其他条件不变的情况下，底坡 i 与过流流量 Q 成正比，增加底坡 i 即可增加过流流量，降低截流施工难度。

其次，合理确定一期上下游围堰拆除高程及宽度，确保泄水建筑物上下游引渠开挖和上下游围堰拆除的质量，提高分流能力。国外不少工程实践证明，在施工过程中，由于水下开挖施工困难，常常使引渠上下游尺寸不足，或者拆除导流围堰时的残留具有壅水作用，使泄水建筑物上下游的泄水能力受到限制，施工时截流落差大大增加，施工难度较高。

最后，增大截流建筑物的泄水能力。

当采用钢板桩格式围堰时，也可以间隔一定距离安放钢板桩格体，在其中间孔泄放河水；然后，采用闸板截断中间孔口，完成截流。另外，也可以在进占戗堤中埋设泄水管辅助泄流，或者采用投抛构架块体增大戗堤的渗流量等办法减少龙口溢流量和溢流落差，降低截流的难度。

在以往有些工程中由于对改善分流条件不是很重视，结果导致截流失败。在海勃湾水电站截流前，导流明渠经过了一个凌汛期，渠内泥沙淤积严重，淤积量高达 2/3 过流面高度。明渠流量由原设计导流量 4 000 m³/s 改变为导流量不足 100 m³/s。经过研究分析，采取主动疏通导流明渠的措施来改善分流条件，先对导流明渠淤积的泥沙提前进行挖除，再在河床右侧进行预进占施工，并尽快抵达龙口护底位置。通过增大导流明渠流量，来减少龙口处流量，从而改善分流条件，减少导流明渠泥沙淤积造成的不利影响。

（五）改善龙口水力条件

龙口水力条件是影响截流的重要因素，在施工过程中可通过双戗截流、三戗截流、宽戗截流、平抛垫底等措施改善龙口水力条件。

1.双戗截流

在施工过程中，利用双戗进占，可以有效地分摊戗堤上下游落差，降低戗堤施工过程中的河道流速，从而避免使用或者少使用大块料、人工块料，降低截流难度。对于截流流量、落差均较大的缓坡河道截流，采用双（多）戗堤截流分担落差，降低截流难度是可行的。

2.宽戗截流

宽戗截流是指在戗堤修筑时，适当增大宽度，分散水流落差。到目前为止，世界各国立堵截流的戗堤顶宽一般为 20～25 m。当顶宽在 30 m 以上时，就被称为宽戗堤。

宽戗堤能增大龙口抗冲刷能力，增大龙口前壅水高度，减少龙口流量，增加龙口水流沿程磨阻损失，降低龙口水流流速，减小抛投块体尺寸；戗堤加宽以后，端部宽度较大，适合多机械同时施工，可以提高抛投强度，利于抑制抛投截流材料的流失，降低截流难度。对于流量大、落差也大的陡坡河道，通常因为河道比降大，所以需要采用宽戗堤截流来有效分散龙口落差。

但是，进占前要求抛投强度大，工程量也大为增加，当戗堤可以作为围堰或坝体（土石坝）的一部分时宜采用，工程造价就不会增加太多，以免用料太多造成浪费。由于戗堤和围堰的造价不同，应尽量减小戗堤的工程量。当龙口落差和流速均较大，降低截流难度成为主要控制因素时，可根据工程实际情况，综合考虑备料材料尺寸、重量和数量、运输道路、施工设备、截流期限、抛投总量和抛投强度等，再决定是否采用宽戗堤截流。

采用宽戗堤能有效降低截流难度，不影响总的进度要求，经济上比较合理。

1958 年，美国奥阿希土坝在 7.5～8.5 m 落差截流时，因降雨，流量增大，为了在流量进一步增大前断流，采用宽戗堤，提前 12 h 完成截流任务。通过研究，戗堤也并非顶宽愈大愈好，而是在顶宽与龙口水头（含行近水头在内）之比略大于 2～3 倍后，宽度效应作用效果才明显，龙口内能形成淹没流，能充分发挥宽戗堤截流的优越性。

3．平抛护底

当河床内水位深、流量大、覆盖层厚时，在龙口一定范围抛投适宜填料，抬高河床底部高程，使过水断面变宽，降低龙口流速，可减少截流抛投强度，以降低截流难度。

根据国外的现有截流水平，3 m 落差以内的，采用单戗截流的施工方法即可。若流量很大，采用单戗截流施工难度较大时，多采用双戗堤或者宽戗堤来分散落差，降低截流难度。

二、护底体系形成后阶段探讨

（一）增加抛投料自身稳定性

尽量备足大石、特大块石，配用适量的人工抛投料，在流速大于 7.0 m/s 时，可通过巨型串体等措施的运用来增加抛投料的稳定性。

在截流施工过程中，由于水流的冲刷，若抛投料粒径较小，则抗冲刷能力较弱，抛投料的流失较严重。为了降低抛投料的流失，可适当增大抛投料稳定性，采取的主要措施有采用特大块石、葡萄串石、钢构架石笼、混凝土块体等来提高投抛体本身的稳定性，使其不易被河水冲走。

另外，也可以在龙口下游平行于戗堤轴线设置一排石坎来阻止抛投料的流失，保证抛投料的稳定性，从而降低截流工程的施工难度。在龙口最后合龙阶段，根据现场实际情况，采用废旧钢桁架或提前堆存大量钢筋石笼一次推入等特殊方法可大大降低合龙难度。

（二）对龙口抛石，加高河床，减小水深，避免堤头坍塌

在深水抛石截流中，堤头坍塌问题十分突出，直接危及堤头施工人员及机械的安全，成为深水截流的关键技术问题。其主要原因大致可归纳为以下几条：水深影响、水流作用、抛投料性质、浸水湿化作用、堤头机械荷载、地形因素、覆盖层厚度、抛投方式与强度等。其中水深影响、水流作用、抛投料性质、浸水湿化作用是主要因素，坍塌的形成通常是多种因素共同作用的结果。

施工中可采用平抛垫底的工程措施，避免戗堤较大面积坍塌情况的出现，以减小抛填部位水深及地形的突变。以往工程实践表明，当采用平抛垫底后，戗堤坍塌概率会大幅度减小；当水深较深时，戗堤较高，其坍塌的概率和危害性也会相应加大；当水深较浅时，其发生坍塌的概率会降低，危害性也将减小。

所以，堤头垮塌的概率和水深有一定联系，平抛护底是降低堤头坍塌概率的切实可行的措施，对提高河床糙率、增强截流块体稳定性有较大作用。

（三）防止戗堤发生坍塌，降低截流失败风险

在深厚覆盖层的河床截流工程中，可能会因覆盖层冲刷和淘刷造成大面积堤头坍塌，且在戗堤进占过程中，在高水头作用下使戗堤基础砂层产生管涌渗漏破坏，使得戗堤下游边坡滑塌，也会造成戗堤整体失稳，截流失败。

因此，对淤积型覆盖层河床截流工程，除护底外，还应采取基础保砂措施、戗堤防渗措施等，避免多种形式的戗堤坍塌。

保砂措施为：在护底块石底部紧靠戗堤的下游侧铺设土工布，充分发挥其保砂作用，防止管涌和冲击性水流带走泥沙，保证河床基础砂层不被破坏（如潮州供水枢纽工程）。

防渗措施为：在戗堤进占的同时，跟进填筑抗渗性能良好的黏土等防渗材料，以提高戗堤的抗渗和自稳能力。

在进行淤积型覆盖层河床截流施工时，需结合工程实际情况，配套选用上述一种或几种预防戗堤坍塌的措施，来提高截流成功的概率。

（四）合理选择堤头抛投方法

通常在龙口平均流速大于 4.0 m/s 时，采用上游角突出法或是上、下游角突出法抛投材料，可大大减少钢筋石笼、葡萄串等特殊材料的用量，以使戗堤能够顺利进占，在很大程度上节省截流备料费用。将钢筋石笼、葡萄串、六面体等多种不同的特殊材料用废旧钢丝绳或多股 8＃铅丝柔性连接在一起并推入龙口，相对于同重量的单个特殊材料，其稳定性有很大提高。在龙口同一分区采用钢筋石笼、葡萄串、六面体、大块石、石渣等不同粒径截流材料按抛投顺序混合进占，不但进占效果明显，而且可以大大降低戗堤渗流量，减少后期围堰防渗费用。

（五）提高材料抛投强度，降低施工难度

尽量用自卸车或推土机抛卸，以提高堤头抛投强度，有效减少材料流失现象，加快堤头进占，减少龙口的流量和落差，降低截流难度，减少投抛材料的流失。加大截流施工强度的主要措施有：加大材料供应量、改进施工方法、增加施工设备投入等。

（六）其他降低截流难度的措施

①合理利用水文预报，选择低流量时段截流，降低施工难度。随着科技的发展，水文预报技术的水平也在不断提高，为更好地把握截流时机，精准确定河床低水流流量时段，可利用水文预报，综合考虑水文资料，寻找合适时机，降低截流难度。

②梯级开发河段，通过调度减少上游来水，减少截流流量，降低施工难度。对于上游有已建好并投入运行的梯级电站，当截流难度较大时，可通过上游梯级调节减小截流流量，将下泄水流控制在枯水期标准，对降低截流难度非常有利。由于该措施涉及利益问题，协调难度较大，实施起来较为困难。

③梯级开发河段，通过调度提高下游水位，降低截流落差，降低施工难度。对于下游有已建好并投入运行的梯级电站，并且截流工程处于回水区时，通过抬高下游梯级电站水库水位可实现降低截流落差的目标。如黄河海勃湾水利枢纽工程截流时，就利用了下游的三盛公水利枢纽抬高蓄水水位、减少截流落差，这确实给工程截流降低了难度。

第三章　工程模糊集理论在水利工程施工导流中的应用分析

第一节　水利工程施工导流风险率

由于水利工程项目施工导流的风险率分析涵盖水利工程施工导流建筑物和主体建筑物的安全问题以及建筑物费用与施工工期，因此一直以来它都是水利工程施工导流设计的关键点。导流风险率计算涉及很多的模糊性因素和随机性因素，比如水文不确定性因素、水力不确定性因素、数据不确定性因素、计算中的不确定性因素等。这些不确定因素增加了水利工程施工导流风险率确定的难度。所以，对这些不确定性因素进行分析的工作就显得尤为重要。

一、水利工程施工导流风险率计算涉及的不确定性因素

（一）水文不确定性因素

施工导流的难易程度归根结底就是挡水和导引水流下泄的难易程度，其风险就是依照选定的导流标准能否按施工组织设计方案实现挡水和导引水流下泄这一目标。由水利施工导流所在地的地形条件、气候条件和下垫面条件的不

确定性导致的水利工程施工导流河道中的洪峰流量、洪水总量和洪水过程线三者的不确定性，统称为水文不确定性，当出现大于施工导流设计标准的情况时，就会造成施工导流不能顺利进行，甚至是失败。河流的洪水现象是一个具有不确定性性质的过程，洪峰流量、洪水总量和洪水过程线全都具有随机性的性质，目前大多采用频率分析法计算出大小不同情况下洪峰流量出现的可能性的值。水利施工导流的设计洪水标准不会选用或许会出现的最大洪水，而会选择某一个重现期的洪量值当作设计洪水标准，如若采用这种做法就表示水利施工导流期间会有大于设计标准洪水存在，然而由于导流工程泄流量是按照建筑物等级大小采用一定标准重现期的洪水值设计的，超过设计标准洪水发生时就将致使建筑物失效，此为水文不确定性引起的风险。

1.洪峰流量的不确定性

水利施工导流的风险产生的原因主要是洪峰流量的不确定性，我国已有许多专家做过研究。对此，本节就不做过多讨论了。中国最大洪峰流量系列的表示方法通常采用 P-III 型分布曲线。

2.洪水过程线的不确定性

水利工程施工导流建筑物结构尺寸的确定依据设计洪水过程线的确定，为尽可能地保证主体建筑物的安全，我们通常选洪峰流量大、主峰靠后、不利于泄洪安全等情况下的洪水过程线。但是如果仅依照典型洪水过程线设计导流建筑物的过流量，就显得不够全面，从而忽视了导流建筑物对实际洪水过程的影响。在实际水利施工导流工程中，不论是坝体临时性挡水还是围堰挡水，当洪水到达库区时，洪峰流量都会被削减。显然，实际的洪水过程和设计时选取的典型洪水过程线是没有办法吻合的，这恰恰也是洪水过程所带来的不确定性的一种表现形式，想要研究削峰过程对洪水过程不确定性的影响大小，特此把洪峰削减系数定义为 η：

$$\eta = Q_0 / Q$$

式中，Q_0 为经过削峰作用以后下泄流量的最大值；Q 为河道洪峰流量值。

η代表经过削峰过程后洪峰流量被削减的程度，相对于同一个Q，η较小则表示水库在洪水过程中起到较大的滞洪作用。由于对洪水过程产生影响的因素繁多，洪峰削减系数也会发生相应的变化，则η也是一个随机变量。由于有许多因素将对其产生影响，而且不能确定究竟哪种因素在起关键作用，所以这里假定它服从正态分布。

（二）水力不确定性因素

这种因素是指导致水流的流态出现差异和渗流的形态转变而导致水利施工导流建筑物或主体建筑物出现危险的不确定性因素。

1.水力参数的不确定性

水力学中采用的大多数参数值都是通过实地测算或者水力学模型试验得到的。但由于天然河床千差万别，从事水利施工导流设计时，许多水力参数，例如糙率n、流速系数m、侧收缩系数等，这些同水头损失存在密切关系的系数选取都是依据经验进行的，具有人为的随机不确定性，不同的设计者选取的数值存在着不一致性。国内外不乏由水力参数的不确定性引起的实际导流量和设计导流量不符的例子。在实际工程中，不只存在实际糙率值比设计糙率值大的情况，糙率n的实际测量值比设计糙率n值小的状况也出现过，例如：印度的尤咔导流明渠设计糙率$n=0.036$，实际糙率$n=0.026\sim0.029$；我国葛洲坝导流明渠设计糙率$n=0.035\sim0.040$，实际糙率$n=0.025\sim0.030$等。上述糙率n的不确定性都导致了实际导流量和设计导流量的差距。由此可得，水力参数的不确定性在很大程度上决定了水力不确定性，所以在计算水利施工导流风险率时应当仔细考虑水力参数这一影响。

2.导流建筑物结构尺寸的不确定性

当导流建筑物处于施工期间，一些人为原因、机械原因常常致使建成的导流建筑物的实际大小和导流建筑物的设计尺寸大小之间或多或少存在偏差，从而使得实际的导流量和设计的导流量存在一些误差。而正是由于这些误差才会导致施工导流的风险增加。但是该不确定性量的数值也是有界的，显而易见的是在误差绝对值相等的情况下，其发生的概率也是相等的。由于影响导流建筑物尺寸的因素较多且无法确定影响导流建筑物结构尺寸的主要因素，因此将导流建筑物尺寸大小作为定量指标或看成随机变量指标来计算施工导流的风险率值并无明显区别。

3.水力模型的不确定性

一般在设计导流建筑物的尺寸和各项指标时，首先需要假设多组数据，然后选择合适的计算式来验证假设的哪组数据与实际工程需求相符合，去掉与所要求的方案不相符的假定数据，然后再通过经济技术指标来选择最合适的方案。在选择假定数据的过程中，所用水力学计算公式导出的水流运动状态必定和实际的水流运动状态存在些许的偏差，这就是水力模型的不确定性。

（三）其他不确定性因素

由于水利施工导流工程自身具有的模糊性和随机性等特性，除了上述因素，还存在许多不确定性因素，例如测量数据偏差导致库水位、泄流量误差等。

二、各种风险率计算方法简介

（一）直接积分法

直接积分法为风险率计算的常用解法。采用直接积分法是将建筑物荷载与建筑物抗力两者的联合概率密度函数用积分求出，其表达式为：

$$P_f = \int_0^\infty \int_i^\infty f_{R,t}(r,l)\mathrm{d}r\mathrm{d}l$$

如果需对公式进行计算，则应该先搞清楚联合概率密度函数 $f_{R,t}(r,l)$。只有在联合概率密度函数能够精确表达荷载与抗力之间的关系后，方能使用直接积分法算出风险率值。但是，由于在实际工程中很难得到$f_{R,t}(r,l)$，所以需要假定一个$f_{R,t}(r,l)$。但使用以上公式对假设的分布函数依赖性太强，倘若假设不合理，此法计算出的风险率就会变得不合理。直接积分法的不足之处是不能使用解析法推出包含荷载和抗力的合理概率密度函数，所以该公式只适用于计算简单的导流风险率。

（二）重现期法

重现期法为水文统计与分析中使用最多的计算法。该法把自然事件或者降水等纳入计算范围之内，采用统计分析的方法算出频率。重现期T的定义是：建筑物荷载L超过或等同于特定的结构设计抗力R的时长。所以，建筑物荷载在某段时间内超过或等同于结构设计抗力的概率是：

$$P（L \geqslant R）= 1/T$$

显然可知，若将风险看作任何一年当中建筑物荷载L超过结构设计抗力R的概率，那么在一年内没有事故发生的概率是：

$$P（L \leqslant R）= 1 - 1/T$$

假设不同荷载是随机的且各自相互独立，同时假设该水文系统的水文参数是不因时间而改变的，那么N年当中的风险率为：

$$P(L > R) = 1 - (1 - 1/T)^N$$

此法使用起来数据简单，但由于没有全面涵盖影响风险率的很多因素，因此其计算数据一般仅供参考。

（三）一次二阶矩法和改进一次二阶矩法

一次二阶矩法是把变量按照泰勒级数的展开式展开，且去掉展开式的二次项和更高次项的简便计算方法。一次二阶矩法只选用期望和方差这两个统计矩。此法能综合全面地将影响系统风险大小的每个因素考虑在内，而且能够计算出系统总的风险大小。此法解题方便，计算时对每个影响因素而言只需知道均值与标准差，能够综合考量每种不确定性因素的计算导流风险率的适宜解法。但其有以下缺点：①仅当每一个随机变量都是彼此独立而且全服从高斯分布时，得到的风险值才具有意义；②如果目标函数的非线性程度较高，那么得到的结果误差会比较大；③在目标函数表达式不相同时，得到的风险值也将出现偏差。针对一次二阶矩法的缺点，拉克维茨（R. Rackwitz）给出了改进一次二阶矩法。这种方法的实质是将目标函数在风险率最大的验算点处按照泰勒级数展开，取其一阶展开式计算目标函数的期望和方差，然后得出其可靠性指标，也就是风险率。

（四）JC法

为了找到在一次二阶矩法求解中假定参数不服从高斯分布的解法，拉克维茨（R. Rackwitz）和菲斯莱（B. Fiessler）等人给出了 JC 法。JC 法对改进一次二阶矩法进行了优化，把式中非正态分布转化为正态分布来进行风险率计算，从而使改进一次二阶矩法能够用于函数情况为非正态分布的状况。由于存在把非线性目标线性化和非正态分布正态化这两个过程，所以结果容易存在偏差。

（五）蒙特卡洛法

蒙特卡洛法也就是随机模拟方法，它也可以称为统计试验方法或随机抽样技术。其基本思想是：起初给出一个概率模型或随机过程，使给出的模型中的参数也是模型的解；再将模型用来计算欲求参数的值，而这就是所求参数的近似值。

三、基于模糊性和随机性的风险率计算法

由于水利施工导流工程的风险率计算涉及的因素较多，数据的采集和计算过程存在明显的模糊性和不确定性。经过对以往工程资料的分析整理及专家的意见可以得出，水利施工导流工程的风险率设计标准选取越高，水文不确定性因素对风险率计算结果的影响也越大，同时水力不确定性因素对风险率计算结果的影响就越小，其他各种不确定性因素虽然在一定程度上对结果存在影响，但总的来说也是非常小的。由于水利施工导流风险率计算具有模糊性和不确定性，所以需选取重现期法结合模糊识别计算导流风险率。将三种因素对风险率的影响建立合理的评语集：三种因素对导流风险率计算的影响程度 $F=\{$很大，较大，一般，较小，很小$\}$。

由三种因素的影响程度之间的相互关系，通过工程模糊集二元比较权重法确定其权重为：

$$w=[0.55\ 0.33\ 0.12]$$

则四个不同重现期下的风险率计算值可转化为具有模糊性的参数值：

$$C=[0.375\ 0.463\ 0.375\ 0.353]$$

第二节　工程模糊集理论

水利施工导流工程的方案选择是一个涉及自然、社会、经济与环境等多个学科领域的复杂大系统的评价分析和多方面决策人员参加的多目标的决策问题。其目标是选择导流风险率低、建设造价低、导流工期短、施工难度不大的方案。而风险、造价、工期、施工难度等受多种因素的影响，在这些影响因素

中，有定量影响因素也有定性影响因素，而定性影响因素多数源于决策者的主观判断，属于模糊不确定性。

模糊数学为近几十年来日益壮大的一门新兴科学，其应用数学和系统工程的理论研究和分析模糊现象。目前，科技的日益进步使得各种学科的计算都能尽量地精确化和定量化，但是工程学科本身具有的模糊性和随机性，使得传统的数学研究方式无能为力。20世纪，美国控制论专家扎德（L. A. Zadeh）最先提出"Fuzzy Sets"（模糊集合）的开创性叫法，提出了互克性原理："当一个系统的复杂性变得越来越高，然而我们做出的关于系统特性的精确且有意义的描述将变得越来越低，直到其增长到一个特定的值，如若增长到了比它大，精确性和意义就不可能同时得到。"也就是说，描述的不精确性在复杂系统中并非坏事，从而确定了模糊性的客观存在，而模糊性本身具有的规律表现在传统数学和人脑在它们处理模糊信息能力的差异上，因为传统数学中严格的公理体系实际上是剔除了模糊性这一点而抽象出来的，但是在实际工程中，人们的思维、认知、推理在绝大多数情况下都是不能被量化的，或是不能被数值化的。由于模糊性是工程建设中确实存在的一种情况，那么这种情况就是可以被描述的。

自美国控制论专家扎德教授1965年发表了关于"Fuzzy Sets"（模糊集合）的创新性文章后，近几十年来，各国专家在模糊集合应用实践方面取得了丰硕的创新成绩。我国水文专家、大连理工大学陈守煜教授一直从事工程模糊集理论的研究与应用，对其在我国的应用和推广作出了巨大的贡献。陈守煜教授在1998年完成著作《工程模糊集理论与应用》。在书中，陈守煜教授给出了有关绝对隶属度和相对隶属度的概念、二元比较法确定权重以及工程模糊集优选决策模型。

工程模糊集的最广泛应用表现在模糊模型识别和模糊聚类分析上面。模糊模型识别，包括机器识别文字、辨认卫星照片的地物地貌、分辨染色体形状等，而这里主要讨论的是模糊模型识别在水利工程当中的应用，其他的不再一一论述。模糊聚类分析，是对事物进行分类的一种科学方法。科学上的分类，是发现和总结规律的一种前提和手段。在工程模糊集产生以后，应用工程模糊集中的模糊聚类模型可以清晰直观地将具有模糊性的事物进行聚类分析。目前，模糊聚类分析在水利行业当中已被大规模地使用，且得到了不错的结果。

第三节　水利施工导流方案指标

水利施工导流方案选择往往涉及很多因素，水利施工导流是整个水利施工建设项目的重要组成部分，同时也是围绕水利施工整个周期的导流方式的综合。结合工程中的坝体类型、各种水利枢纽布置形式，同时有水工模型试验与电脑模拟试验的参与，才可以得到相对优化合理的导流方案。由于每一个水利工程选址不同，都具有自己的特点，再加上水利工程施工导流本身设计的影响因素太多，所以，想选择出令各方面都满意的水利施工导流方案是比较困难的。

想要选择一个合理的水利施工导流方案有很多影响因素，本节采用以下四个指标：费用指标、施工周期指标、风险率指标、施工难易程度指标。一个事件的不确定性分为两种表现形式，即表现为外在关系的随机性和内在关系的模糊性，随机性关系到量的大小与发生可能性的概率，模糊性则关系到一事物由量变到质变的中介过渡过程中的隶属程度。在随机性方面，人们已经做过了很多的研究工作，获得了很多研究成果；但是由于模糊性存在于很多实际工程中，所以对于模糊性现象还需要进行深入研究。

一、费用指标

人们在进行水利施工导流费用预算时不可能做到完全周到详细，把水利施工导流费用的预算做到和实际工程投资费用毫厘不差。但是有一点可以肯定的是，对水利施工导流项目的各项工程建设情况了解得越全面，那么对导流工程的费用预算也会越准确。还有一点我们必须认识到，由水利施工导流工程的前期资料欠缺所引起的某些因素的不确定性和模糊性也将导致水利施工导流预算费用与实际投资出现偏差。

水利施工导流工程预算费用主要是由可计算费用和估计费用两部分构成。可计算费用是指明确可以计算出的费用，即查阅一些规范或条例得到的项目的费用乘以其对应的工程量得出的总费用；估计费用则为对很多的不确定性费用加以主观估计、分析判断取舍得到，在很大程度上将依赖造价预算人员的个人经验和知识。

要保证水利施工导流费用预算的准确性，首先必须保证工程资料的可靠和准确。工程资料需涵盖过去类似水利施工导流工程的费用预算数据，水利施工导流工程的水文地质参数等资料，水利施工导流项目从业人员的工资费用，当时当地市场的有关水利施工导流项目原材料的费用，水利施工导流所需的机械费用。

从事水利施工导流工程费用预算的人员应谨慎仔细选取所采用的资料或者数据，这不仅指他们自己积累的各种资料，还包括从其他地方得到的资料或者数据。从事水利施工导流工程费用预算的人员应对这些资料进行全面合理的分析和研究，以免生搬硬套公式造成预算投资不准确。从事水利施工导流工程费用预算的人员还应该对水利施工导流工程所在地做详细的资料调查，其中包括自然资料和社会资料两方面；确保选用的预算指标的工程特征与正在从事预算的工程尽可能相吻合；做好各方面市场的调研工作。

二、施工周期指标

任何一个具体实际的水利施工导流工程，其施工进度都会受到其他大量外在因素的影响，只有预先辨别出其中的各种影响因素，才能比较准确和全面地评价其对工程进度的影响，从而合理地安排工程进度计划，做到尽量缩短施工周期，实现对工程施工工期的主观控制。

影响导流工程施工周期的因素主要有以下三类：

①水利施工导流计划的合理性。水利施工导流工程在初步设计阶段，有些因素还没有考虑周到详尽，工程量计算还很不完全，这就容易导致施工周期的估计和确定还不够准确。

②水利施工导流工程的技术因素。如果水利施工导流工程规模较大，则所需的施工技术和安装技术会使施工程序变得复杂烦琐。这也是造成水利施工导流工程施工周期确定困难的原因。

③自然条件与人、材、机配套设施的协调问题。由于水利施工导流工程的工程量特别大，其所占总投资的比例较高，因此能否协调好自然条件和人、材、机配套设施，做到人、材、机各尽其用，关系到能否提高施工效率、缩短不必要的施工时间。这也是影响水利施工导流施工周期的原因之一。

三、风险率指标

模糊性是各种不同风险率计算模型所要考量的重要方面。以下为对风险率计算存在影响的四个要点：

①水利施工导流工程情况特别复杂，使得模型计算时无法完全拟合实际情况，导致水利施工导流模型和实际导流情况之间总有偏差。同时水利施工材料的可变性、导流工程结构尺寸的误差、施工技术的差异等，都将造成实际工程

原型和水利施工导流模型的差异，从而导致模糊性的存在。

②河道洪峰流量的模糊性。实际水利施工导流工程中的洪峰流量与河道实际流量有很大的关系，而实际导流工程所在地的水文性质又决定了河道的实际流量，因为某个地区的水文事件通常具有模糊性，因此水利施工导流期间河流洪峰流量必然具有模糊性。

③实际水利施工导流能力的模糊性。即使在各类水利施工导流建筑物的泄流能力一定的客观因素条件面前，实际水利施工导流能力也不可能用一个具体明确的数字或数值来界定，所以实际导流能力存在着模糊性。

④各类风险率计算模型中存在的模糊性。在实际导流工程中，上游流量从一个不超过导流工程的设计泄流量值到一个大于导流工程的实际泄流量值也不可能是立即变化的，存在一个过渡时期，因此各类风险率计算模型的数学表达式中涉及了模糊性。

四、施工难易程度指标

水利施工导流施工难易程度的评价，所含因素比较多，需要综合考量水利施工导流的复杂程度，水利施工导流施工操作的难易度，整个施工导流工程组织管理的难易程度，冬天、雨季对水利施工带来的困难及河道截流施工的难易程度等，因此要恰当合理地评价一个实际水利施工导流工程的难易程度是相当困难的。施工难易程度是一个定性的指标而不是定量的指标，几乎不可能用一个数值来反映施工的难易程度，这就需要请有关专家采用定性分析的方法来确定施工难易程度，从而对施工难易程度进行分级。这就导致了这样一种结果，即使是同一个评价者对同一个水利施工导流工程的施工难易程度进行评定，在不同时间也会得出不同的结果。假如存在不同的评价者，评价施工难易程度的差异将会更大。所以说，水利施工导流工程施工难易程度的确定具有很大的模糊性。

第四节　工程实例

（一）工程概况

某水电站初步选定的坝型是钢筋混凝土面板堆石坝。根据工程坝址所处地的地形、地质、水文条件，结合社会经济要求和施工工期要求，初步拟定表3-1中的四种可能的导流方案。其中，第一种方案采用施工第一个汛期坝体挡水度汛方案（风险率$P=2\%$），记为方案Ⅰ；第二种方案采用施工围堰全年挡水度汛方案（风险率$P=10\%$），记为方案Ⅱ；第三种方案采用施工期第一个汛期过流度汛，施工期第二个汛期坝体挡水度汛方案（风险率$P=2\%$），记为方案Ⅲ；第四种方案采用施工期第一个汛期坝体挡水度汛方案（风险率$P=1\%$），记为方案Ⅳ。下面采用工程模糊集优选决策模型选出相对最合理的方案。

表3-1　各导流方案指标

导流方案序号	导流费用排序值	总工期	风险率模糊值	施工难易程度
Ⅰ	0.6094	38.5	0.375	困难
Ⅱ	0.5176	40.5	0.463	容易
Ⅲ	0.5768	47.5	0.375	很容易
Ⅳ	0.4015	40.5	0.353	很困难

水利施工导流方案中的施工难易程度指标不能直接应用数值量化，水利施工导流工程的施工难易程度只能定性划分，综合研究水利施工导流工程实际工程的需要和作为临时性工程的重要性，应该把施工难易程度的等级划分得尽量精确，以免划分粗糙导致优选结果出现偏差，故特将施工难易程度划分为5个等级，建立合理的评语集：

施工难易程度指标$V=\{$很容易，容易，一般，困难，很困难$\}$

利用两级比例法将表3-1中的施工难易程度定性指标转化成纯数值表示的

定量指标，施工难易程度指标越大越好。

（二）指标权重的确定

对于实例中的水利施工导流工程费用、水利施工导流总工期、水利施工导流风险率、水利施工导流工程施工难易程度四个指标而言，要想简单明了地确定这四个指标的权重分配是十分复杂的。最早应用于确定指标权重的方法是专家咨询法，同时这也是从前一种比较有效的方法。专家咨询法实质上是一种知识储存调用的模型，层次分析法则是数学理论模型和知识储存调用模型的结合与统一，避免了专家咨询法工作量大、周期长、参与人数多的缺点，在很多水利工程中都有应用。工程模糊集二元比较权重法是由陈守煜教授在工程模糊集中建立的一种新型权重分析确定方法，它符合我们的逻辑思维，具有单纯实际的物理意义和良好的可操作性，在很多领域涉及权重确定的方面都取得了较为满意的结果。

经检验，二元权重比较矩阵满足排序的一致传递性。按照矩阵 F 关于重要性的排序，可以得出权重的大小顺序为：费用指标、总工期指标、风险率指标、施工难易程度指标。非归一化权向量是：

$$\omega=[0.818\ 0.538\ 0.333\ 0.111]$$

则各指标的归一化权向量为：

$$\omega=[0.454\ 0.299\ 0.185\ 0.062]$$

（三）水利施工导流方案优选

根据上面权重的计算以及所需要优选的指标，给出各指标标准值的相对优选评价标准，并分为 7 个等级，如表 3-2 所示。

表 3-2　导流方案指标优选评价标准

等级	导流费用排序值	总工期	风险率模糊值	施工难易程度
1	0.6094	38.5	0.353	1.0
2	0.5848	40.0	0.371	0.9
3	0.5502	41.5	0.390	0.7
4	0.5155	43.0	0.390	0.5
5	0.4809	44.5	0.390	0.3
6	0.4462	46.0	0.445	0.1
7	0.4015	47.5	0.463	0

由工程模糊集二元比较权重法确定权重：

$$\omega = [0.454\ 0.299\ 0.185\ 0.062]$$

该水电站水利施工导流方案Ⅰ属于第一级别，方案Ⅱ属于第四级别，方案Ⅲ属于第三级别，方案Ⅳ属于第五级别。由此可得，施工导流方案Ⅰ相对其他三个方案具有明显的优势，是最优方案。

第四章　基于关键路径法的
水利工程施工优化

第一节　施工优化分析相关理论

一、网络计划优化

在水利工程施工中，初始网络计划虽然以工作顺序关系确定了施工组织的合理关系和各时间参数，但这仅是网络计划的一个最初方案，一般还需要使网络计划中的各项参数能符合工期要求、资源供应和工程成本最低等约束条件。这不仅取决于各工作在时间上的协调，而且取决于劳动力、资源能否合理分配。要做到这些，必须对初始网络计划进行优化。

网络计划的优化，就是在满足选定优化目标和规定约束条件的情况下，通过不断调整网络计划找到最佳优化方案。网络计划的优化目标，可按工程项目的目标来选定，包括工期目标、资源目标等。

（一）工期优化

在施工甘特图中得到关键线路和项目工期，当项目工期不能按要求完成或某部分需要压缩项目工期时，往往会通过压缩关键作业的工时，缩短项目工期。若关键线路改变，则应注意项目工期。

工期优化的一般步骤为：首先在甘特图中计算并找出网络计划的关键线路，确定项目工期，然后根据工期要求计算应压缩的时间；选定各关键作业能压缩的作业工期；将部分关键作业的工期压缩至最短，并重新计算网络计划的工期；若得到工期仍超过项目要求工期，则重复以上步骤，直到满足工期要求；当所有关键作业的持续时间都已达到其压缩的极限，应对计划的施工方案、逻辑关系等进行调整，以达到满足压缩工期的目的。

（二）资源优化

项目资源优化不仅在项目中对节约成本起到重大作用，在项目管理中也是重要优化目标之一。在施工过程中，提供的各种资源量（人、材、机）往往都是有一定限度的，所以应该将有限的资源合理而有效地利用起来，缩短项目周期，优先安排关键作业上所需要的资源，均衡地使用人、材、机等资源，利用非关键作业的总时差，错开各工序的开始时间，错开资源高峰。资源优化一般分为两种情况：第一种是在资源有限情况下工期最短，在这种情况下进行资源优化的目的是使工期延长的情况减少；第二种是在工期固定的情况下实现资源均衡，在这种情况下进行资源优化的目的是在一定工期内使作业的各种资源达到均衡，提高企业管理的经济效果。根据这两种方式，可以产生不同的优化模型和结果。

1.资源有限–工期最短

"资源有限–工期最短"的优化，即在资源供应有限制的条件下，寻求计划的最短工期。因为项目各方面的资源要求，项目中的资源供量总是有限度的，应按"时间单位"进行资源检查，如果超出资源的供给用量，则必须调整网络计划。调整计划时，应对发生资源冲突的作业重新调整用量或对非关键作业进行调整，使工期延长时间最短，计算公式如下：

对单代号网络图计划：$\Delta D_{m',i} = \min\{\Delta D_{m,i}\}$

$$\Delta D_{m,i} = EF_m - LS_i$$

式中，$\Delta D_{m',i}$ 为在逻辑关系搭接的情况下，最佳逻辑安排所对应的作业工期的延长时间的最小值；$\Delta D_{m,i}$ 在资源冲突的作业中，作业 i 安排在工作 m 之后进行，工期所延长的时间。

2.工期固定-资源均衡

"工期固定-资源均衡"的优化，即在工期固定的条件下，力求资源消耗均衡。

①可用"使极差值为最小"方法均衡资源，极差值为资源平均值，因此欲使极差值最小，应使$\max|R(t) - \bar{R}|$最小，使每天的资源的最大用量为最低，即资源错峰法，从而获得资源消耗量尽可能均衡的优化方案。资源错峰法可按下列步骤进行：a.计算网络计划中每段"时间单位"的资源需用量；b.确定资源错峰目标，其值等于每"时间单位"资源需用量的最大值减一个单位量；c.得到高峰时段的最后及有关作业的 ES 和 TF；d.根据单代号网络计划公示计算有关作业的时间差值ΔT_i。

②用"使方差值最小"方法均衡资源，即最小平方和法。

a.网络计划调整规则。为使方差减少，可利用网络计划中有时差的作业进行调整，调整应当满足以下条件：每项作业的调整只能根据作业工序在许可范围内进行，并且不能改变项目总工期；调整的结果应使方差减少，资源计划较为均衡；若为双代号网络图，则编号应从小到大排序。

b.调整各项作业之间的工序。资源均衡是在编制网络计划之后进行的，一般应通过非关键线路上的非关键作业，在时差允许的范围内进行调整，必须依照作业的逻辑关系逆序进行。若同一时间有多个作业同时拥有自由时差，则应按单位时间资源由大到小的顺序逐一进行。

二、关键路径法

（一）关键路径法定义

关键路径法（critical path method, CPM），是一种通过分析项目过程来预测项目工期的网络计划管理工具，随着研究的不断深化，它被逐渐细化为两类，即时间关键路径和资源关键路径。该方法以 WBS（工作分解结构）为基础，根据各个作业的工期、作业与作业之间的逻辑关系搭接进行计算，从而执行项目进度控制与监督。它利用网络甘特图找出控制工期的关键路线，在一定工期、资源的条件下进行最佳计划安排，以达到缩短工期、提高工效的目的。CPM 是一个动态过程，随着项目的实施，关键线路也会随时改变。CPM 在项目管理中就是在编制好网络计划的基础上找出关键路径，并对关键作业优先安排资源，加快施工进度，尽量压缩持续时间。而对非关键路径的各个作业，只要在不影响工期的情况下，抽出适当的人、材、机等资源用在关键路径上，以达到缩短项目工期、合理利用资源等效果。在项目施工过程中，运用这种方法便于掌握项目施工动态，对关键作业完成情况加以有效控制和调度。

（二）单代号网络原理

关键路径法根据绘制的不同，可分为箭线图（ADM）和前导图（PDM）两种。箭线图又称双代号网络图，前导图又称单代号网络图。单代号网络的好处包括：①在逻辑关系方面，单代号比双代号更容易表达，且不用虚箭线；②网络图容易修改和检查；③在国外，主流的项目管理网络计划软件已全部采用单代号。

（三）单代号网络计划时间参数计算

1.计算最早开始时间（ES）和最早完成时间（EF）

网络计划中各项工作的 ES 和 EF，从网络计划的起点开始，顺着逻辑关系依次计算。

①最早开始时间是指在该项作业的所有紧前作业结束后，该作业开始的最早时间，一般网络计划起点的 ES 为 0，即

$$ES_i=0$$

②工作的最早完成时间是指在该项作业所有紧前作业结束后，该作业完成的最早时间，即

$$EF_i=ES_i+D_i$$

③工作的最早开始时间等于该作业顺着逻辑关系方向的各个紧前作业的最早完成时间的最大值。如工作的紧前作业为 i，紧后作业为 j，则

$$ES_i = \max[EF_i]或ES_j = \max[ES_i + D_i]$$

2.计算最迟开始时间（LS）和最迟完成时间（LF）

①终点作业的最迟完成时间按网络计划的工期（T_p）确定，即

$$LF_i=T_p$$

工作的最迟完成时间是指在该项作业所有紧后作业结束后，不影响整个工期，该作业必须完成的最迟时间，即

$$LF_i=LS_i+D_i$$

工作的最迟完成时间也可以是该项作业所有紧后作业最迟开始时间的最小值，即

$$LF_i = \min[LS_j]$$

②工作最迟开始时间是指在不影响工期的前提下，该工作的最迟开始时间，即

$$LS_i=LF_i-D_i$$

3.计算工作总时差（TF_i）

应从网络计划的终点节点开始，逆着箭线方向依次逐项计算。

①网络计划终点节点的总时差 TF_n，一般等于计划工期减去终点作业的最早完成时间，即

$$TF_n=T_p-EF_n$$

其他作业的总时差 TF_i 等于该作业的各个紧后工作 j 的总时差 TF_j 与该工作与紧后作业之间的时间间隔 LAG_{ij} 之和的最小值，即

$$TF_i = \min[TF_j + LAG_{ij}]$$

②网络计划终点节点的自由时差，一般等于计划工期减去终点作业的最早完成时间，即

$$FF_n=T_p-EF_n$$

其他作业的自由时差 FF_i 等于该作业时间间隔的最小值。

$$FF_i = \min[LAG_{ij}]$$

第二节　基于时间关键路径法的
水利工程进度优化

项目进度管理计划主要是规划、控制、协调的一个循环过程。在工程项目中，工期要求十分紧迫，施工方的工程进度压力非常大，而有时施工方为追求利益而盲目赶工，从而导致质量问题，引起施工费用的增加。所以在工程项目实施之前，首先要了解工程项目是否合理准确地编制了施工工序与工期，即项

目进度计划，看是否满足要求，然后进行合理的进度优化。

一、某水利工程概况

以 2017 年法库县柏家沟镇党家村小型水利工程项目为研究对象，工程内容包括：护砌清淤回填工程、混凝土涵板工程、田间机耕路工程等。

项目区所在的柏家沟镇位于法库县东北部。项目区有镇柏省级路通过，地理位置优越，交通便利发达。地形开阔，地势北高南低。项目区土壤结构为棕壤土、草甸土，大部分地块土质肥沃，有机质含量在 1.21～1.29 mg/kg。地下水埋层较浅。含水层厚度在 20 m 左右，便于开发利用。地下水资源极为丰富，水质符合农田灌溉要求。

二、项目进度计划编制

在编制党家村小型水利工程施工项目的进度计划之前，需收集有关影响进度计划的各种因素，为编制施工进度计划提供依据。这些因素包括工程分布广、天气恶劣等，同时施工方案也是重中之重，当采用不同的施工方案时，工作之间的逻辑关系也不相同，从而会影响工程工期。首先，通过 P6 项目管理软件平台确定施工总工期与项目开始完成时间，设置项目日历，综合考虑施工工期与逻辑关系，确定工程里程碑节点。其次，管理和控制作业信息，以便建立合理的项目分解与汇总关系。最后，缩短建设工期，编制党家村小型水利工程施工项目进度计划。

（一）项目作业间逻辑关系搭接

1.工作（作业或工序）

对工作分解结构（WBS）中规定的可交付成果或半成品所产生的必须进行的具体工作量，依据水利施工规范以及施工现场共同得到施工工序。

2.逻辑关系

逻辑关系即活动之间开始投入工作或完成工作的先后关系，包括工艺关系与组织关系。

（1）工艺关系

工艺关系是一种硬组织关系，分为生产性工作与非生产性工作，分别针对工艺过程与工作程序。

（2）组织关系

组织关系是一种软组织关系，由组织安排需要或资源调配需要决定。

3.方案逻辑关系

方案逻辑关系包括完成开始（FS）、开始开始（SS）、完成完成（FF）、开始完成（SF）四种逻辑关系。这四种关系已经涵盖了全部的工作顺序类型。FS 关系是典型的纵向逻辑关系，SF 关系是典型的横向逻辑关系，SS 和 FF 关系在延时大于零时是纵向逻辑关系，在延时等于零时是横向逻辑关系。

4.驱控关系

驱控关系一般会有两种方式，关系线为实线的表示驱控关系，关系线为虚线的表示非驱控关系。

党家村的作业逻辑关系按照施工作业的前后进行确定，再根据施工单项工程的方案逻辑关系进行确定，如要考虑党家村冬天温度与过年的时间，工期的合理约束与限制条件。护砌 01 与护砌 02 的土方开挖的逻辑关系就是 SS，涵 01～04 采用流水施工、平行施工方式。

（二）项目作业工期时间参数估算

影响工程进度的因素如图 4-1 所示。

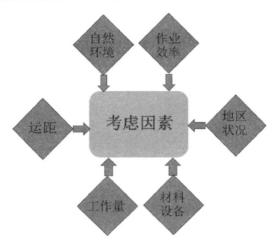

图 4-1　影响进度的因素

按实物工程量和定额标准计算：

$$基准工期 = \frac{工程量}{基准工程能力} = \frac{劳动量}{劳动能力}$$

在实际工程中，还应考虑其他因素，并对其进行相应调整。调整公式为

$$D=tK$$
$$K=K_1K_2K_3$$

式中，D 为工作的持续时间计划值；t 为基准工期；K 为综合修正参数；K_1 为自然条件影响系数；K_2 为技术熟练程度影响系数；K_3 为单位或工种协作条件修正系数。K_1、K_2、K_3 都是大于 1 或等于 1 的系数，其值可根据工程实践经验和具体情况来确定。

计划评审技术：最早由美国人提出对每项活动事先只能推出一个大致的完成时间范围，各项作业的持续时间采用"三时估计法"，一般采用三个时间估计值（最早完成时间、最晚完成时间、最可能完成时间），使用 β 分布进行分析，强调用灵活的成本来达到进度要求，其优点是能把每项活动的不确定性及对完成该项活动的信心因素体现出来。对每项活动完成时间范围的估计值T_e，计算原理如下：

$$T_e = (T_0 + 4T_m + T_p)/6$$

①最早完成时间（也称乐观估计时间），即在工程顺利实施过程中，完成某项作业所需的时间，用T_0表示。

②最晚完成时间（也称悲观估计时间），即在工程实施不利的条件中，完成某项作业所需的时间，用T_p表示。

③最可能完成时间，即在正常条件下，完成某项作业所需的时间，用T_m表示。

（三）项目进度网络计划绘制

1.甘特图

甘特图又叫横道图、条形图，由亨利·甘特（Henry Gantt）于1900年前后提出，是通过代表活动的条形图在时间坐标轴上的点位和跨度来直观反映活动的各有关时间参数，横坐标为时间，纵坐标为项目，可以直观表示计划何时进行，便于评估工作进度。

2.里程碑图

里程碑图用来显示项目进展中的重大工作完成。里程碑不同于任务作业，任务作业往往是需要消耗大量资源的，并且需要作业的持续时间来完成，里程碑仅仅表示事件的标记，不消耗资源和时间。

3.作业网络图

作业网络图又称PRET图，显示以作业为框体，加以逻辑关系表示各个单项工程之间的关系线。

三、项目进度优化

（一）时间关键路径法的模型

项目进度优化是完成工程的重要保证。如果在施工过程中发现工期不能按照原定的工期完成，就需要对不符合工程进度目标的进度计划进行优化，从而制订符合工程项目的进度计划。

在进度优化方面，传统的方法往往会采取赶工和快速跟进两种方法，而当代的进度优化应该集中注意力在关键路径，可通过压缩在关键作业的持续时间以满足工期要求或缩短工期。

在进度模型中，关键路径上的活动被称为关键活动。进度网络图中可能有多条关键路径。在正常情况下，关键活动的总浮动时间（简称总浮时）为零。时间关键路径有两种定义，即最长的路径或总浮时小于某值。监控总浮时是一种更有效的管理关键线路的方法。若总浮时出现负值，则说明本作业按当前最早开始和完成时间不能满足要求，所以要消除总浮时的负值。

（二）立体交叉作业法优化工程工期

1.立体交叉作业法

立体交叉作业法是一种用于建筑工程当中的快速施工组织方法，实行空间和时间，多工种、多工序相互穿插、紧密衔接、同时进行的施工作业方式，尽量减少以至完全消除施工中的停歇现象，从而加快了施工进度，降低了成本。其特点如下：①对于工序繁多、工期紧的工程，实行立体交叉施工作业法必须遵守小流水施工原则；②不能以增加人、材、机资源投入为代价，它只是工序的穿插和提前进行。

在水利工程中压缩工期的方法一般是压缩关键作业的持续时间和改变作业之间的逻辑关系两种，在施工过程中往往会采用其中一种方法进行工期压缩，在这里根据党家村小型水利工程项目的具体情况采用立体交叉作业法穿插施工。根据小型水利工程特点（单项工程多、重复性大），首先采用立体交叉作业法在关键线路的基础上进行压缩，再根据资源的分配与工种的相互协调配合工作节约工期。施工时注意成品与半成品的保护，充分利用好时间与资源。确定所有施工内容逻辑关系——是平行关系还是先后关系，是时间关系还是空间关系；实现最优的小流水施工；尽可能最大限度地为紧后作业提供条件，以便提前穿插施工。依据总进度分析确定关键线路，之后根据施工内容围绕关键线路进行工期控制。还需要根据图纸确定各分部分项工程所需人、材、物的量，以及其他资源，以便统筹安排。小到简单施工工序、大到多工程的整体施工，不同施工队伍之间的配合都可以实行立体交叉施工。目前，是否能实现最有效的立体交叉施工作业，是体现施工企业管理能力高低的一个重要标准。

　　2.立体交叉施工在党家村项目中的应用

　　①设计模板、钢筋的加工、预拼装提前在施工之前做好，施工时直接在场内拼装及安装。

　　②修建衬砌的同时，农桥与盖板涵同时进行。注意错过各单项工程的混凝土的养护时间，即不同工序之间上下穿插施工。

　　③基础施工阶段，土方开挖、垫层浇筑、混凝土板施工，实现不同工序同时进行。采用立体交叉作业法，项目工期得到缩短，与优化之前相比，缩短工期 4 天，并且没有负浮时，优化高效可行。

四、项目施工进度跟踪控制

在项目工程的进度计划编制完成后，利用 P6 项目管理软件为项目计划保存一个副本，作为项目的目标计划。根据工程的特点与各方要求做出相应的进度计划后，通过作业之间的逻辑关系、作业的工期持续时间、限制条件，做出工程施工甘特图，最终得到符合项目的施工进度计划，把这样的进度计划作为目标计划。在工程施工过程中，通过跟踪实际的作业完成情况以及作业数据，并与目标计划作比较，可以发现施工中的问题，评估已完成作业的提前、延误对整个进度计划的影响，这样可以提前采取措施，保证目标计划的顺利实现，即分析进度偏差的影响和进度计划的调整。

在 P6 项目管理平台上可以用甘特图比较法或实际进度前锋线比较法去分析进度的偏差，之后分析得到的偏差对总工期的影响。可以从以下几个方面进行分析：

①分析进度偏差的作业是否为关键作业。如果出现偏差的作业是关键作业，则必对总工期产生影响，要对关键作业的工期或逻辑关系进行调整；如果出现偏差的作业不是关键线路上的，则需根据偏差值与总时差和自由时差数值大小关系，来衡量对紧后作业和总工期的影响。

②分析进度偏差是否大于总时差。若作业的进度偏差大于总时差，则结果将影响紧后作业和进度工期，必须对关键作业的工期或逻辑关系进行调整；若作业的进度偏差小于或等于该作业的总时差，则表明对总工期没有影响，但很可能会影响紧后作业。

③分析进度偏差是否大于自由时差。若作业的进度偏差大于该作业的自由时差，则结果将影响后续作业，所以应根据实际情况在紧后工作中进行作业持续时间与逻辑关系的调整；若作业的进度偏差小于或等于该作业的自由时差，则结果对紧后作业没有影响。

在实际施工中，当实际施工进度与计划施工进度可能因为一些天气因素或者一些不可抗力因素等产生偏差时，我们也要及时对照项目进度找到偏差的地方。所以我们在项目的进度计划完成后，可以为项目计划保存另一个副本，作为项目进度基线，即目标计划。可以在甘特图中查看和对比当前计划和目标计划的横道，或者在 P6 项目管理平台里面跟踪进度与资源。

第三节　基于资源关键路径法
小型水利工程资源优化

在项目管理中，资源管理发挥着重要的作用，包括对投入工程中的人力、材料、机械等生产要素进行的优化配置与动态平衡管理。在工程项目中，进度管理、资源管理与质量管理互相影响。而资源作为进度与成本之间的纽带，发挥着越来越重要的作用。项目资源管理的全过程应包括资源的计划、配置、优化、控制和调整。其中，资源的计划和优化不是一个项目的问题，而是在项目中综合协调平衡。

一、项目资源计划编制

与其他的工业生产过程相比，工程项目的资源管理是极其复杂的，所以在工期计划的基础上，需要确定资源的使用计划，即资源"投入量-时间"计划，包括人力资源计划、材料计划、机械设备计划等。资源计划的编制在项目中越来越重要。

（一）基于定额法的人员用量确定

定额法中的技术测定法比较常见，即依据工程中的生产技术和施工条件，对施工过程中各作业采用测时法、写实记录法测出各作业的工时消耗等资料，再对所得资料进行科学的分析，制定出人工定额的方法。

实地去党家村项目区调研，按不配有机械，通过技术测定法，根据工程量和每日产量得到施工人数。例如，混凝土工程量为 115.2 m³，每日产量为

28.8 m³，相除可得施工人数为 4 名。

（二）基于定额法的施工机械用量确定

应根据小型水利工程特点选择适宜的主要工程的施工机械。主要机械与辅助机械应有较好的经济性，在生产能力上配套，保持良好的工作状态。

施工机械时间定额，指在合理劳动组织与合理使用机械的条件下，完成单位合格产品所必需的工作时间。机械时间定额以"台班"表示，即一台机械工作一个班组时间。一个班组时间为 8 h。

考虑到施工机械定额，可依据下列公式确定施工机械台数：

$$N=\frac{QK}{ASB\Psi}$$

式中，N 为施工机械需用量；Q 为工程量；K 为施工不均衡系数；A 为有效作业天数；S 为机械台班产量定额；B 为每天工作班数；Ψ 为机械工作系数。

（三）基于 CAD 施工图和定额法的材料用量确定

在工程施工中会需要大量的钢架、水泥、块石等材料，应根据它们的物理性质存放采买所用量。可以根据 CAD 施工图计算材料用量，也可以采用定额法估算材料用量。

二、项目资源优化—资源均衡

资源优化技术是根据资源供给需求的情况，来调整资源模型的技术。而资源平衡是为了在资源需求与供给之间取得平衡，根据资源制约因素对开始日期和完成日期进行调整的一种技术。如果共享资源或关键资源只在特定的时间、空间上使用，数量有限或被过度分配，如一项资源在同一时间段被分配在多个作业，就需要进行资源平衡。

资源优化的前提如下：①网络计划一经制定，在优化过程中一般不得改变各作业的持续时间；②各作业每天的资源需要均衡，且优化过程一般不得改变；③优化过程中不得改变网络计划各作业之间的逻辑关系；④一般除规定可以中断的作业外，其他作业都应是连续作业。

资源平衡分析的优点可以总结为两个方面：①在资源平衡的情况下，可以减少大量的、不必要的资源运输管理工作等；②在资源平衡的情况下，可以采用资源"零库存"策略，从而减少资源库存成本等。

（一）资源关键路径法

关键路径法是一种基于数学计算的项目计划管理方法，即将项目分解成为多个独立的活动并确定每个活动的工期，然后用逻辑关系（结束-开始、结束-结束、开始-开始和开始-结束）将活动连接，以计算项目的工期和各个活动的最早及最晚时间等。它可以帮助项目管理者识别项目中的关键路径，优化资源分配，降低风险和成本。随着设计标准、模块化的发展，很多工程项目涉及大量的标准化生产，资源关键路径法在其中发挥着重要作用。资源关键路径法是由最关键的资源决定工期，在这里考虑到资源关系，实现资源最优配置，从而根据项目资源计划的编制做好资源库清单与作业清单，得到党家村小型水利工程资源驱控甘特图、资源剖析表等，最后可以得到项目完工日期是 2018 年 3 月 27 日。

（二）错峰优化工程资源

资源的管理对工期与成本有着重要的影响，在工程施工中，如果确定每天资源使用的最大限量，就可以避免由于资源过多或过少造成成本浪费与工期延误问题等。利用单位时间内资源量最大限量法合理配置资源，即资源错峰法原理。运用 P6 软件做出资源负荷图并得到工程施工强度柱状图和累计曲线，充分显示资源所用量的每天变化情况。如果通过研究关键工作的资源发现，施工过程中作业较集中，导致某类资源发生冲突，造成该类资源在工期内都超额分配，可以通过调节非关键工作的资源来平衡资源，调整资源最大使用限量和资源需要量来消除资源超负荷分配，合理分配资源，使资源得到优化，避免资源的浪费。

第四节　基于赢得值法对两种
关键路径模型的研究

在一个项目中，费用控制与进度控制、质量控制应联系在一起，正如一个项目如果没有费用控制，在质量与进度都得到保证的情况下，也可能会付出很大的代价，甚至成为一个无底洞。所以应尽早地预测和发现项目成本差异与进度拖延情况，采取纠偏措施。赢得值法是实现这一目标的重要手段，可以实现对项目的动态跟踪，实现"边干边算边纠偏"，实现对进度、质量与成本的集成管理。

赢得值法（S 型曲线比较法）是以进度时间为横坐标，以累计完成资源量或费用为纵坐标，绘制计划-累计完成资源量或费用的 S 型曲线。赢得值实际上就是两个比较，两个评估：一个是对于计划进度的评估，得出是提前完成还是落后进度的结论；一个是对于工程费用的评估，得出是节约还是超支的结论，评价该项目按照这种趋势发展是否能够获得利润。

通过赢得值曲线图，可以直观地看出项目施工进展状态，在项目施工期就能够发现问题，进而采取措施，修正错误，以达到合理分配资源、按时完成项目、控制成本的目的。

在软件中，参数设置如下：

完成时预算（BAC）＝目标计划的预算值

计划完成值（BCWS）＝完成时预算（BAC）×作业计划完成百分比

赢得值（BCWP）＝完成时预算（BAC）×执行完成百分比

实际完成值（ACWP）＝实际人工费＋实际非人工费＋实际其他费用

费用差值（CV）＝赢得值（BCWP）－实际完成值（ACWP）

进度差值（SV）＝赢得值（BCWP）－计划完成值（BCWS）

作业计划完成百分比指定了到现在为止作业的目标工期完成多少。

由赢得值法对两种关键路径进行分析，可得出数量百分比、实际费用百分比，从而得出资源关键路径模型完成单项工程较多，但费用也较高。通过计算可以得出两种模型下进度百分比与完成时总费用，通过时间关键路径做出的进度计划得到各作业的完成百分比，总进度完成 24.75%，完成时总费用为 50 万元，而通过资源关键路径做出的进度计划得到各作业的完成百分比，总进度完成 71.01%，完成时总费用为 56 万元。所以根据资源关键路径排出的进度计划要比时间关键路径排出的进度计划进度提前 46.26%，费用仅超出 12%。

第五章　水利工程项目动态管理

第一节　水利工程项目管理概述

一、水利工程项目管理特点

（一）水利工程项目施工质量管理特点

水利工程项目施工质量管理的特点主要集中在以下几个方面：

①天气因素对于水利工程项目的正常施工建设影响很大。根据实际的项目施工经验得到，在遇到当地气温低于 5 ℃、风速高于 20 m/s、日降水超过 5 mm 等天气状况时，都要按照规定暂停施工。同时在气温过高或者过低的情况下，都要采用一定的措施使气温保持在正常的范围内。

②在施工过程中，没有特殊的原因不能够中断施工。水利工程项目对连续性要求较高，主要是因为混凝土是水利工程项目施工中使用的主要结构材料，为了保证混凝土在初凝前振捣成型完成，就必须保持混凝土在施工过程中的均衡。如果施工中断，混凝土内部就会出现冷缝，形成结构的薄弱面，埋下安全隐患，后续处理起来十分麻烦。

③工程需要协调的工作多，投入的资源量大。水利工程项目往往需要多个专业进行穿插施工，相互之间干扰大，因此在工程准备和工程建设过程中，需要通过很多的协调工作来保证工程项目最终目标的整体实现；同时水利工程的工程量非常庞大，各方的人力、物力、财力都需要统筹安排以满足质量要求。

④控制整个项目质量的关键要素是对施工过程质量进行控制。不同于其他一般的工程项目，在水利工程项目中除土石坝以外的建筑物均采用素混凝土或钢筋混凝土结构，基于混凝土工作性能和后期处理的考虑，施工单位质量管理工作严格执行国际质量标准中强调过程控制的要求，以混凝土施工流程作为管理的中心线，同时加强中间质量的把关。

（二）水利工程项目施工环境管理特点

水利工程项目施工环境管理的特点主要集中在以下几点：

①噪声、粉尘等污染较多。由于权衡经济利益的考虑以及项目施工各方面所限，建设工地噪声通常都较大，特别是生产人工砂石料、搅拌混凝土时，大功率设备附近的噪声值会比较高。同时，在进行边坡开挖的过程中会产生很多的粉尘。目前，对这种污染的控制常常处于两难境地：如果对施工现场实行全封闭的形式，则会对内部施工人员的健康造成威胁；如果实行开放的形式，则会对环境造成破坏。

②排放的工业废水、废渣较多。在整个水利工程施工过程中，工业废水基本上源于系统二次筛分作业、人工湿式制砂以及混凝土拌和，污染物主要为固体悬浮物。目前，施工过程中主要采取堆砌和回填的处理方式对工业废渣进行处理，以避免二次污染或危害的发生。

③需要及时回收工业危险物。一般工程在建成后仍需要长时间使用危险物，但是对于水利工程而言，仅在施工进行时涉及危险物，且主要为液氨和火工材料，当工程竣工时必须对其进行妥善的回收处理。因此，不同于一般工程的要求，水利工程项目在管理目标和模式上都有其特殊性。例如，对于火工材料，应当重点加强对失效火工材料处理方式的管理，从最大程度上减少其对社会环境的破坏。

④布置环境保护设施十分困难。随着国家和社会对环境保护的逐渐重视，施工企业在管理过程中也要加强对环境的保护，但是出于水利工程本身的特殊

性，施工地点一般处于高山峡谷中，工程施工场地本身已经十分有限，对于全部的建设设施不能实现完全布设，通常水处理设施就需要占用很大的物理空间，再布置环境保护设施就显得十分困难。

（三）水利工程项目施工人员安全管理特点

在施工类行业当中，水利工程属于危险性较高的行业，在整个施工过程中隐藏着很多不安全的因素。经数据统计，工程建筑领域中最易发生的六大类安全事故分别是机械伤害、高处坠落、物体打击、触电、火灾事故和坍塌事故。水利工程项目施工人员安全管理的特点主要体现在以下几方面：

①水利工程项目施工中涉及大量危险物品，如民爆器材、有毒有害的工业原料，甚至是放射性物质，对管理和控制危险物品的工作要求非常高。

②特种作业多，不仅包括常见的氧焊工、架子工、模板工、电焊工等特殊工种，还必须用到空压工、装药工、潜水工、爆破工、制冷工等，因此对整个水利施工过程中安全管理的专业性要求较高。

③工程施工人员存在组成复杂、流动性大等特点，管理难度大。近年来，工程项目在建设规模和数量上都呈现快速增长趋势，为了保证工程进度，在项目施工建设中便大量雇佣工人，虽然在一定程度上保证了项目的进度，但是也带来了一些新的问题。由于许多工人存在教育程度偏低的问题，施工单位通常会对这些人员进行初期的一些工程知识方面的相关培训，使其能够满足工程基本施工的要求，但是一旦这项工程完成后，这些人员通常会参与到其他工程项目的施工中，流动性非常大。这在一定程度上给项目安全管理带来很大的隐患。

二、我国水利工程项目管理中存在的问题

我国水利施工企业经过多年的发展，逐渐建立了一整套管理制度。但是出于自身条件和管理水平的局限性，水利施工项目的管理水平基本上取决于管理人员自身的素质，这种粗放管理的状态一直持续到 20 世纪八九十年代。

1982 年，我国首次运用世界银行贷款进行鲁布革水电站建设，日本的建筑公司负责对引水导流工程实施管理，采用了项目管理方法使整个工程项目建设的效率得到了很大的提高。这给中国的工程项目建设领域带来了新的挑战，也使相关企业认识到了科学项目管理的重要性。自此以后，项目管理方面的研究和应用在我国工程建设领域得到了高度的重视，推进了我国工程建设行业的改革。

紧随改革开放的进程，面对国际工程企业的竞争压力，我国水利施工企业也开始全面实行项目管理，但同国外先进的项目管理相比还有一定的距离。

目前，我国水利工程项目管理中主要存在以下几类问题：

（一）水利工程管理资金投入不足

从现阶段水利工程项目管理工作状况来看，水利工程项目管理能够从根本上解决区域经济发展问题，促进农业增效、工业可持续发展，从而为社会主义各项事业的顺利进行提供有力支撑。但是，当前区域水利工程管理工作投入的工作量无法完全满足经济发展和社会进步提出的需求。特别是最近几年兴起的节水灌溉、灌区改造、中小河道综合治理等水利工程，从财政投入状况来看相比以往有大幅增长，但是在物价水平持续上升、人力资本大幅提高的情况下，水利工程管理资金的投入力度还需继续加大。

（二）工程项目管理的法规和配套政策有待改进

目前，我国一些工程管理中仍然存在各行其是的现象。因此，现行法律和法规的规范对象范围需要进一步扩大，项目管理的招投标、收费标准、合同文件等方面的相关政策都需要进一步改善。

（三）企业的组织机构和项目管理体系还不完全符合工程项目管理的标准

部分企业在开展项目管理时，尚未建立与之相适应的项目组织管理机构和相关体系，项目管理的组织结构、岗位职责、程序文件、操作手册等不完善，存在管理水平较低、管理效率一般等问题，在项目管理方法和措施上相对落后，不能达到标准化、科学化的项目管理运作水平。

（四）企业缺乏高水平、高素质的工程项目管理人才

追根溯源，我国工程项目管理与国际著名工程公司、咨询公司之间差距较大的根本原因之一，就是人才问题。有些管理者的综合管理素质不高，主要表现为工作责任心不够强、学历偏低、服务意识不强等，这样就对工程的实际管理成效产生了较大的抑制作用。部分水利工程管理人员在思想上仍然将水利工程认为是单纯性的公益事业和福利事业，对"水利工程是国民经济的基础设施和基础产业"的事实缺乏足够的认识。也有一部分管理者缺乏效益管理的观念，只注重经济效益而忽略了社会效益。部分水利项目管理者不能全面落实国家的各项政策，相关管理者的环保意识不强，对当地环境造成了严重的破坏；在职业健康安全方面，一些管理者仅在施工安全这一方面给予了一定的重视，经常忽略职业健康的管理，对劳动保护、职业病的关注度不够。国际上大型的工程管理公司一般都具有一定数量的复合型高级项目管理人才，这类人才具有丰富的大型工程项目管理组织经验，有先进的管理理念，熟练掌握国际通行项目管

理模式、项目管理软件，能够完成项目管理的全过程控制，而我国工程企业中恰恰严重缺乏这类高素质的人才。

三、我国水利工程项目管理体制选择

（一）项目法人责任制

我国于 1992 年 11 月颁布了《关于建设项目实行业主责任制的暂行规定》，正式启动项目业主责任制的工程项目管理模式，投资方派代表构成项目业主，承担全部的项目投资风险，同时进行质量、进度、投资三方面的管理。理论上，项目业主责任制有利于对业主责任意识的加强。最初我国一直存在投资主体与责任主体相分离的现象，工程建设发生状况时，责任不好认定且各主体往往互相推脱。项目业主责任制的推出在一定程度上缓解了这个问题。但是，我国政府部门兼具行政立项审批人和单一出资人的身份，政府机构组建的发包人组织只是政府机构的附属单位，在项目生产经营过程中不具备自主决策和自负盈亏能力，由此一来，项目管理者的责任心会在一定程度上减弱，造成项目管理建设目标落实不到位。所以，项目业主责任制并没有从根本上解决我国工程项目管理中存在的问题。

1996 年，我国工程建设业进一步改革，国家颁布了《关于实行建设项目法人责任制的暂行规定》。这项制度加强了整个项目建设经营过程中法人的核心位置，明确工程项目的投资主体和责任主体，并且法人应当承担投资风险，全程负责从项目建设过程到后期投产经营及其资产的保值增值。这样就建立了一个保障和约束机制，扩大了我国工程项目的投资效益。项目法人责任制在我国工程项目管理改革史上有着浓墨重彩的一笔，它的全面推行促使现代企业运用先进的项目管理制度实现整个项目的建设和经营，改变了原有的项目建设经营体制，增加了投资收益，并且成功实现了与国际行业标准的接轨。项目法人责任制可以说是我国社会主义现代化市场经济建设当中具有战略意义的一项突破性改革措施。

（二）招标投标制

在我国早期的计划经济体制下，工程项目的招标投标均由政府参考当年的投资计划运用行政手段进行工程项目的任务分配，在工程建设、施工及设备材料选购方面也都是依据行政方式获得的，这在一定程度上忽略了应有的竞争机制和经济约束机制，降低了我国工程项目的投资效益。

1984 年，我国工程建设行业针对以往项目管理体制当中存在的各种缺陷，提出采用招标投标制的方式。在市场经济条件下，运用招标投标的方式进行工程项目的发包与承包、服务项目的采购与提供。这种竞争性交易方式的具体表现是：首先，采购方发布招标公告，具体说明需要采购的材料或者服务的相关信息和条件，并且明确意在选择最符合采购要求的供应商或承包商；然后，各有意单位参加投标竞争，具体说明自身能够提供的采购所需材料、工程或服务的报价及其他相应的招标要求；最后，由招标方按照一定的原则从众多投标方当中择优选取中标人，双方签订采购合同。招标投标制很好地增强了同行业各单位之间的竞争意识，加大了项目经济收益，符合我国社会主义市场经济的发展原则。

（三）建设监理制

我国建设部（今住房和城乡建设部）在 1988 年 7 月颁发了《关于开展建设监理工作的通知》，水利部在 1990 年 11 月颁发了《水利工程建设监理规定（试行）》，这标志着我国水利工程项目管理体制正式迈入了一个全新的时期。建设监理制是指：对具体的工程项目建设，项目业主委托一个专业的建设监理单位，以完成项目投资为目标，依照国家批准的工程项目建设文件、工程建设的法律法规、工程建设委托监理合同、业主所签订的其他工程建设合同，进行工程建设活动的监督和管理。

工程建设监理的工作职责主要是工程建设相关合同和信息资料的管理，有关各方之间的协调。工程建设监理制通常是一种项目法人委托专业的监理单位科学、公正和独立地进行工程项目管理的模式。

现在我国水利工程建设领域已经全面、深入地落实了施工与设备采购上的招标投标制，建设监理制也已经进入了广泛推广阶段，正在向更加科学化、规范化、制度化的阶段迈进。与此同时，项目法人责任制也开始逐渐应用到水利工程建设当中，并且以良好的趋势快速向前发展。由大量的工程实践可以看出，项目法人责任制、招标投标制和建设监理制的全面实行，有效地完善了我国的工程建设项目管理体制，成功推动了我国水利建设事业的科学快速发展。

四、我国水利工程项目常用管理模式比较

随着我国加入世界贸易组织，工程建设业的竞争也由原来的中国范围内的业内单位间竞争发展为当前国际范围内的相同企业间竞争。为了使我国工程建设企业能够迅速地适应国际市场的行业规则，我国政府迅速作出相应调整，修改相关政策法规，大力推行国际标准的职业注册制度，同时，积极引进国外先进的工程项目管理模式。近年来，我国普遍实行三种工程项目管理模式，分别是工程建设监理模式、代建制模式和平行发包模式。

（一）工程建设监理模式

建设监理在国外又叫作项目咨询，站在投资业主的立场，实行工程项目管理，考虑工程项目建设的方方面面，旨在最终实现投资者的利益。近些年，我国普遍推行的工程建设监理模式为 DB 模式（设计-建造模式）、PM 模式（项目管理模式）及传统模式。

工程建设监理模式其实是起源于国外的一种模式，其具体内容为：由项目业主授权某家监理单位，全面管理整个工程项目，根据自身工程项目特点，业主决定监理工程师的介入时间以及管理范围。目前，中国工程建设监理基本上负责监督管理施工建设阶段的相关工作。

（二）代建制模式

代建制模式专指政府投资非经营性项目，并委托专业机构进行项目管理的工程模式。最早试运行代建制模式的是个别地方政府，经过不断的经验总结和学术探究，代建制模式不断完善并逐步推广到全国各地。

本节借鉴多方观点总结得到，代建制就是以公开竞标的方式，政府作为非经营性项目投资方择优选择项目管理单位，组织管理项目建设和施工过程中的相关工作，并在项目建成时现行验收后交付给项目使用单位。

代建制一般包括三方主体，分别为政府业主、代建单位和承包商。通常三方主体之间的关系形式具体表现为：第一种形式类似于国外的 PM 模式，业主与设计单位和其他两方签署相关合同，设计和施工部分由业主负责，项目相关管理服务工作则由代建单位全权负责；第二种形式类似于 PMC 模式（项目管理承包模式），第一步业主与代建单位签署代建合同，第二步代建单位再与工程设计单位、施工建设单位分别签署相关合同，不同于第一种形式，代建合同包括从项目设计到施工建设的全部内容，这意味着从项目设计到施工建设全由代建单位负责。

代建制主要特点如下：

①主要针对政府投资的非经营性项目。政府财政补贴非经营性项目的投资损失是其最大的特点，严重违背了广大纳税人的利益。自代建制全面实行招投标方式后，有效提高了项目管理团队专业化水平，成功实现了对概算超估算、预算超概算、结算超预算"三超"的控制，保证了工程进度，同时在很大程度上保证了工程项目建设质量。

②实施代建制有利于减轻政府的工作负担，不用再具体负责烦琐的工程项目管理工作，而是以投资主体的角度，从宏观上的调控和监管项目整个实施过程，促进工程收益的增长。

③在传统模式下，政府投资项目将投资、建设、监管以及使用一起管理，这存在着一定的弊端，代建制模式有效地将这四个环节分开，很好地防止了腐败现象的发生，同时还能够避免政府项目投资软约束问题。

（三）平行发包模式

在平行发包模式中，各参与方之间的关系是平行互利的。具体内容是：根据一定的规则，业主把整体项目进行科学的分解，针对不同部分的具体特点以及承包单位的自身特点有针对性地进行发包，并签署相关合同，确立彼此间的权利和义务，以达到工程建设的最终目标。

平行发包模式的基本特点包括：监督管理工作由政府相关部门负责，项目业主合理分解全部施工任务后，按照分类综合法编写每个合同的具体内容，择优选择适合项目自身特点的承包商，监理单位在项目建设过程中协助或全权负责工程项目建设的管理和监督工作。虽然平行发包模式参考传统模式下 CM 模式（施工管理模式）和细致管理的快速轨道法，但是不同于传统模式下的阶段法，平行发包模式下业主对施工承包商的招标工作是在施工图纸没有设计完成时便开始进行，即一边设计一边施工。

平行发包模式具有很多优点，目前已经发展为一种相对完善的项目管理模式。项目业主通过招投标的方式直接选定工程各承包人，增强了业主对整个项目方方面面的掌控力，对临时的设计变动也可以灵活地处理；多个合同的模式使得合同界面彼此之间存在相互制约性；因为多家承包商共同承担着同一项目的建设工作，且承包商彼此之间专业、隶属都不尽相同，所以施工作业面明显增多，施工空间也随之变大，整个工程建设的总体实力得到提升，有利于项目各个阶段建设及其有序衔接，在很大程度上减少了工程项目建设时间。较大型的工程项目，即具有投资高、工期长、技术要求高等特点的项目比较适合采用这种项目管理模式。

平行发包模式在应用中也表现出一些缺陷，例如由于项目招标工作量的增多，合同数量和界面明显增多，增加了业主进行合同管理的工作量和协调工作量，加大了管理工作的难度，增加了工程项目的管理费用，且容易导致设计与施工、施工与采购环节之间的分离，造成承包商与业主间不必要协调工作的增加，工程造价不能有效控制在最优范围内。近年来，我国工程项目管理中全面推行的中介服务机构，可以很好地改善上述这些缺点。

第二节　我国水利工程项目
动态管理框架

一、我国水利工程项目动态管理主导模式选择

随着经济社会的发展以及建筑科技的进步，工程项目建设规模越来越大，且对技术要求不断增强，工程项目整体系统性和复杂性也随之增强，急切需要一套科学的、专业的、市场化的工程项目实施管理模式。由工程项目的特点可以看出，其实施过程是一个复杂的系统工程，内部必然存在一定的客观规律，这就要求一套与之相匹配的管理模式和管理方法来完成整个项目的建设和经营。为了满足这种市场需要，国际上通常采用的方法是参照不同工程项目的特性，选取与其自身特性相适应的项目管理模式来进行项目的组织和建设。根据我国水利建设项目管理体制改革的特点以及对水利工程的不同分类，研究满足中国发展需要的水利工程项目管理模式对我国工程建设业具有重要的意义。

（一）基于不同投资主体的模式选择

由于投资主体多元化，投资主体性质也日趋多样化。目前，我国水利项目中包含了多种不同形式的投资主体。大体上，我国的水利项目投资方主体分为两大类：第一类是新型国有水利开发企业，投资主体是国有控股。新型国有水利开发企业是相对于传统的水利开发企业而言的，这种企业的主要特征是现代公司制，且其公司治理结构逐步趋于规范化。这些企业主要包括五大发电集团（华能集团、国家电力投资集团、大唐集团、国家能源集团和华电集团）、湖北清江水电开发有限责任公司、二滩水电开发有限责任公司等。第二类是混合所有制水电开发企业，投资主体是民间投资参股或控股。近年来，在我国中小水电开发中，这类企业越来越多。就目前的发展速度和趋势分析可以发现，在今后一个时期，这种类型的开发企业将会越来越多地出现在我国的水利项目建设当中。

在这两类投资主体中，前者主要是由水电行业中的政府机构、传统的大型国有企业发展而来的，熟悉基于传统模式的水电建设，也相对熟悉国家在水电开发和建设管理方面的相关政策变更，严格执行目前我国水电项目的管理模式。然而，这些企业并不完全具备现代企业制度的特点，法人股东可能是单一国家，或国家与当地政府合作，较少符合混合所有制的特点。后者一般是在最近几年新成立的企业，或是重组为公司制的企业。这些企业普遍具有现代企业制度，具有明确的所有权和业务关系特点，在具有经营权的同时还有投资权和资产处置权。一些公司还建立了全员聘用制、经营者年薪制等制度。公司治理结构更加完善，股东、董事会正常执行自身职责。近年来，在我国水电资源比较丰富的西部地区，一批中小型水利开发公司迅速崛起，私人参股投资或投资控股的水电工程项目法人绝大多数归为这类企业。在当前体制下，第一类投资主体主要趋向于大型和中型水电项目，第二类则主要是小型和中型水电项目。

基于上述分析，笔者认为，选择一个项目的管理模式需要综合考虑两种投资主体的特点、行为方式和业务范围等方面。也就是说，以国有控股为主的新型国有水利开发企业在投资水电项目建设上，应当遵循现有项目管理主导模式，进一步完成投资与建设的分离：如果业主自身的管理能力很强，则完全可以成立自己专业化的项目管理公司，专门负责工程项目的建设管理工作；如果业主自身的管理能力不够，则可以采取招投标的方式选择合适的工程公司或项目管理公司来负责管理项目的建设工作。近些年，工程建设的一种趋势是将设计与施工联合考虑，在条件充分时，择优选择由设计和施工单位构成的联营体担任项目的总承包方，或是承担某些分部、分项工程或专业工程。设计施工联合型工程公司承包整个工程项目，是工程项目建设的一个发展趋势。

对于投资主体为民间投资参股或控股的情况，笔者认为应当根据我国的社会主义市场经济的特点，参考国家流行的项目管理模式，大胆创新，研究和实现自主创新的、符合我国国情的中小型水利项目管理模式。这类工程项目业主在通过一定方式吸收一定数量的专业水电开发人才后，便可以组建自己的项目建设管理机构，采用平行发包模式，最大限度地利用社会现有资源，对工程项目进行开发建设。项目业主如果没有能力建立自己的项目管理机构，不能有效地、全面地对整个工程项目建设过程进行控制管理，就可以结合自身资质和当前相关政策导向，以小业主、大项目管理（承包）方式为指导，采用工程总承包、项目管理服务、施工管理承包（服务）等模式进行项目的开发任务。

（二）不同规模工程项目的模式选择

水利项目在基础设施项目当中是比较特殊的一类。以水电站为例，其具有投资规模大、建设工期长等特点，而且由于这类项目通常受地形地质和水文气象等条件影响较明显，所以在具体水电站工程设计方面差异性较大。同时，一个水电站建设规模的大小也会造成各方面的很大差异。在通常情况下，大型水电站项目不同于中、小型项目，大多数大型水电站工程集发电、灌溉、取水、防洪、航运于一体，具有施工难度大、工程技术限制多、环境影响因素多等特点，且投资大、风险高、影响远，在工程建设管理方面要求也相对更为严格，社会关注度较高。因此，大型水电站项目的管理模式应该有别于一般的中小型水电站，有必要采取更为科学、严谨、规范的管理模式与之匹配。如果只是一概而论，没有突出不同工程项目的特点，一味套用同一模式进行项目管理，则不利于工程项目的有效建设和经营。笔者认为应该结合项目投资主体结构特征，以现行主导模式为基础，引进国外先进的工程项目管理方法，不断创新，探索出适合我国国情的先进的项目管理模式，用于大型水利项目的开发建设。

另外，随着我国近些年大型水利项目的崛起，中小型水利项目也占了相当一部分的比例。随着我国投资体制的不断改革，企业和民间投资将逐步转变为中小型水利项目的投资主体。随着投资主体角色趋于多元化，中小型水利工程建设方式也变得多样化。

总之，工程项目的建设可以采用不同的模式进行组织和实现，管理模式选择的原则是以项目的终极目标为导向，综合考虑项目的性质、复杂程度、投融资渠道，业主的技术和管理能力，以及国家当前政治、经济大环境等多方面因素的影响。为了保证我国工程项目管理模式的健康快速发展，我们应该引进国际上的先进项目管理模式，并在此基础上结合我国水利项目自身特性大胆创新，推动我国水利项目管理模式向前发展，同时也应该积极开展和国外知名工程企业、项目管理企业的交流和合作，在合作中不断改进自我。

二、我国水利工程项目动态管理效果评价

（一）动态管理效果评价的基本理论与方法

现代的项目管理中普遍有这样一类问题：在某一时刻综合进行 n 个系统的运行状况和发展情况横向比较；或是对单一系统不同时刻的运行状况和发展情况进行综合评价；抑或是进行 n 个系统不同时刻的整体效果评价。这便是动态评价需要解决的问题。

在 $[t_1, t_N]$ 时间范围内，依照比较稳定的指标体系 $x_1, x_2, \cdots, x_m$，基于不同的权重系数 $w_j(t_k) \geq 0 \left(\sum w_j(t_k)=1, Vt_kE[t_L, t_N]\right)$，且认定权重系数不随时间变化而改变，则系统在 t_k 时刻发展状况的具有时序性特征的多指标综合评价函数为：

$$y_i(t_k)=f(w_j(t_k),x_i(t_k)),i=1,2,\cdots,n;k=1,2,\cdots,N$$
$$w_j(t_k)=(w_1(t_k),w_2(t_k),\cdots,w_m(t_k))^T$$
$$x_i(t_k)=(x_{i1}(t_k),x_{i2}(t_k),\cdots,x_{im}(t_k))^T$$

简化得到：

$$y_i(t_k)=f(w,x_i(t_k)),i=1,2,\cdots,n;k=1,2,\cdots,N$$
$$x_i(t_k)=(x_{i1}(t_k),x_{i2}(t_k),\cdots,x_{im}(t_k))^T$$

在上式中，若 $n=1$，则为针对单一系统的综合评价问题；若 $n>1$，则为针对多个系统的综合评价问题。

若 $m=1$，则为针对单一指标的综合评价问题；若 $m>1$，则为针对多个指标的综合评价问题。

若 $N=1$，则为针对静态系统的综合评价问题；若 $N>1$，则为针对动态系统的综合评价问题。

（二）评价指标体系构建与权重确定

1.建立评价指标体系

因为工程项目具有设计因素多、指标庞杂等特点，所以要选取具有代表性的指标以充分体现项目的重点。这里综合考虑各方面因素，采用五种指标评价体系：质量控制、成本控制、进度控制、安全管理和现场管理。各指标具体定义如下：

①指标 A——质量控制。

$$A = \frac{本阶段施工单位自检分值}{70}$$

指标 A 表示阶段质量控制的效果，A 值的大小与控制效果的好坏成正比。

②指标 B——成本控制。

$$B = \frac{项目部本阶段目标成本}{本阶段与目标进度对应的实际成本} \times 100$$

指标 B 表示阶段成本控制的效果，B 值的大小与控制效果的好坏成正比。

③指标 C——进度控制。

$$C = \frac{项目部本阶段的目标进度}{本阶段实际进度} \times 100$$

指标 C 表示阶段进度控制的效果，C 值的大小与控制效果的好坏成正比。

④指标 D——安全管理。

$$D = \frac{施工企业阶段安全检查评分值}{70} \times 100$$

指标 D 表示阶段安全管理的效果，D 值的大小与控制效果的好坏成正比。

⑤指标 E——现场管理。

$$E = \frac{施工企业阶段现场检查评分值}{80} \times 100$$

指标 E 表示阶段安全管理的效果，E 值的大小与控制效果的好坏成正比。

综上，工程项目施工阶段的评价指标集如下：

$$U = \{A, B, C, D, E\}$$

2.运用 G₁ 法确定评价指标的权重

建立评价指标体系以后，要运用 G1 法确定评价指标的权重。G1 法最大的特点是其指标权重不需要进行一致性的检验。当判断矩阵不一致时，传统的特征根法会出现无法进行评价或是运算工作量大等诸多问题；当不同专家给出一致性判断矩阵时，传统的层次分析法经常会出现结论不同的问题，G1 法能够有效克服这些问题。

（三）工程项目动态管理效果的评价

在通常情况下，一个大型工程项目的建设周期都很长，只对项目完成的终期结果进行考核是远远不够的，也是不充分的。在项目建设过程中，不同时期的运行状况和实施效果也应作为重点考核的项目，对于施工单位，有时候还必须进行所属各项目间实施效果的横向对比。因此，对工程项目动态管理效果进行评价是十分必要的。动态管理效果评价是信息的动态识别和反馈过程，通过对项目实施过程中的目标偏差进行判断，可以实现对整个项目施工在任何时间点上的评价，从而实现项目动态管理效果的最优化。

第三节 提高我国水利工程项目
动态管理水平的措施

由于目前在水利工程领域有多种项目管理模式，如何选取合理、有针对性的项目管理模式是在水电项目建设前期需要着重解决的问题。项目组织管理能力低下不但会影响项目的正常运行，更会失去宝贵的市场竞争能力，从而导致企业走向衰亡。所以为了提高竞争力、与国际早日接轨，就必须使我国水利项目管理模式从单一化走向多元化，全面提升项目的动态管理水平。

一、宏观对策建议

（一）健全工程项目管理相关法律、法规和制度

目前，中国工程建设项目管理制度还不够完善。所以，我们一定要全面贯彻落实国家相关方针政策，积极健全各类建筑市场管理的法律、法规和制度，尽量做到种类多、配套性好、不交叉重叠、不遗漏空缺和互相抵触。

（二）建立工程项目质量保证体系

由于工程项目普遍具有产品生产周期长、外界影响因素多等特点，而且质量管理涉及人员广，包括企业的管理部门和施工现场的每一名作业人员，项目质量管理难度较大。因此，为了提高企业质量水平，需要参照 ISO9000 国际质量管理标准，结合先进的现代管理思想和手段，考虑到项目各部分的施工全过程，建立自己项目的质量管理体系标准，并严格执行相关标准。

二、微观对策建议

（一）开展精细化管理

以系统论为指导，严格按照技术规范和操作规程，对项目建设过程的方方面面实行整体管理，优化各施工工艺，尽可能避免细节质量问题的产生，建设具有高质量的整体工程项目。

（二）提高项目管理人员的素质

建设工程管理专业人才培养和资质认定在发达国家受到了足够的重视，并

且形成了一个相当大的产业。目前，社会高度认可美国项目管理学会发起的PMP（项目管理专业人士资格认证），政府部门和大公司更愿意聘用获得PMP证书的人。我国要在项目管理方面与国外进行学术交流，加强学会建设和组织工作，出版相关高水平的专业刊物，并积极开展高等学府相关学科的建设工作，促进对管理人才素质的提升，规范我国项目管理方面的教育培训和资格认定工作。

此外，项目内部承包合同或项目责任书应当明确项目经理的地位及其权利与义务；实行经济效益与项目经理及成员的收益直接挂钩，以达到科学管理、控制成本的目的；项目经理部应该遵循一套完善的质量保证体系，这由公司全权负责构建，主要考核项目经理在"创造优良工程、树立企业形象"方面的实施效果；项目经理部根据项目的自身特点，建立与之相匹配的管理制度、分配制度以及机动的雇佣制度，采用科学的、先进的项目管理模式，严格履行施工承包合同的相关要求，在保证工程建设顺利完成的基础上，为企业创造更大的效益。

第六章　水利工程合同管理

第一节　水利工程合同管理基础

一、水利工程合同管理的概念

合同是平等主体的自然人、法人及其他组织之间设立、变更、终止民事权利义务关系的协议。水利工程合同管理是指各级工商行政管理机关、水行政主管部门以及工程各参与方，包括发包人（建设单位）、监理单位、勘察设计单位、施工单位、材料设备供应单位等，依据合同、法律法规、技术标准等，对合同关系进行组织、指导、协调及监督，保护合同当事人的合法权益，处理施工合同纠纷，防止违约行为，保障合同按约定履行，实现合同目标的一系列活动。水利工程合同管理既包括各级工商行政管理机关、水行政主管部门对水利工程合同进行的宏观管理，也包括合同当事人对合同进行的微观管理。

二、合同管理在工程项目建设中的地位

（一）合同管理贯穿工程项目建设的整个过程

《水利工程建设程序管理暂行规定》规定，水利工程建设程序一般分为项目建议书、可行性研究报告、初步设计、施工准备（包括招标设计）、建设实

施、生产准备、竣工验收、后评价等阶段。各阶段工作都要通过合同约定并按约定履行，因此在整个建设过程中的每一个阶段都贯穿了合同管理工作。

（二）合同管理是各种管理工作的核心

对工程质量、进度、投资的控制是合同履行的主要内容，合同文件则是工程质量、进度、投资控制的主要依据。相对于三大目标管理而言，合同管理是项目管理的核心，作为其他管理工作的指南，对整个工程建设的实施起总控与总保证的作用。

三、水利工程合同管理的类型

建设工程合同是承包人进行工程建设，发包人支付价款的合同。建设工程合同包括工程勘察、设计、施工合同。因此，水利工程合同管理的类型主要包括勘察合同管理、设计合同管理、施工合同管理。

四、水利工程合同管理的内容

水利工程合同管理的内容包括合同签订前的管理（有合同策划、风险分析及防范等工作）、合同订立的管理（有招标投标的管理、合同谈判与签约等工作）、合同实施的管理（有合同分析、合同交底、合同实施的控制、合同档案管理等工作）、工程变更与索赔的管理、合同纠纷的处理、国际工程施工承包合同的管理。

五、合同风险及防范

合同风险包括合同主体风险、合同内容风险、合同内涵风险。

防范原则为预先进行风险分析，对发生概率高、损失大的风险制定相应防范措施。

（一）合同主体风险及防范

合同主体风险表现在合同当事人签订合同后不履行或不按约定履行合同。

防范措施主要包括以下两点：

①对合同当事人进行资信审查，包括银行资信等级、近年财务状况、过去合同履约情况等。

②要求合同担保。担保方式包括：提交履约保函，在签订合同前提交商业银行签署的履约保函，被保证人不履行合同时，由保证人代为履行（支付或赔偿）；提供财产抵押，抵押人不履行合同时，抵押权人对抵押财产进行变卖并优先受偿；交付定金，交付定金一方不履行合同，定金不能收回，接受定金一方不履行合同，定金双倍返还；行使留置权，一方违约，对方可对违约方财产行使留置权，实施扣押、变卖并优先受偿；交付保证金、约定违约金，一方违约，对方可将违约方保证金用于抵扣自身因对方违约造成的损失，或要求对方支付约定违约金。

（二）合同内容风险及防范

合同内容风险表现在标的、履约地点及时间表述不清。

防范措施如下：标的应表述准确，如招标范围、内容应准确；履约地点应具体、明确，使合同当事人外的第三方都非常清楚；时间应写明上下限。

（三）合同内涵风险及防范

合同内涵风险表现在无约定时的风险责任划分、合同无效导致的风险。

对于无约定时的风险责任划分导致的风险，应在签订合同前进行风险分析，并在合同中约定风险划分。例如，买卖合同的标的损毁，有约定时按约定执行，无约定时按法律推定由所有权人承担，具体以所有权转移实际交付为依据。对于合同无效导致的风险，应尽量采用示范文本。虽然示范文本是一种惯例，不是法律，不能强制使用（否则违反合同自愿原则），但是示范文本是经行业协会组织专家研究制定的，已对合同风险进行过分析，采用示范文本可降低合同风险，合同当事人对示范文本中条款有异议时可在其基础上协商修改。

六、合同法律关系

合同法律关系的内容是指合同约定和法律规定的权利和义务。权利是指合同法律关系主体在法定范围内，按照合同约定有权按照自己的意志做出某种行为。权利主体也可以要求义务主体做出一定的行为或不做出一定的行为，以实现自己的有关权利。当权利受到侵害时，权利主体有权得到法律的保护。义务是指合同法律关系主体必须按法律的规定或合同约定承担应负的责任。义务和权利是相互对应的，相应主体应自觉履行相应的义务；否则，义务人应承担相应的法律责任。合同法律关系的内容是合同的具体要求，决定了合同法律关系的性质，它是连接合同主体的纽带。

（一）合同法律关系的主体

合同法律关系的主体是指以自己的名义订立并履行合同、具有相应的民事权利能力和民事行为能力、享受一定权利并承担一定义务的人。其主体可以是自然人、法人或其他组织。订立合同首先遇到的就是当事人的合法资格问题，这一问题直接关系到合同是否成立、是否合法以及能否顺利履行。当事人订立合同，应当具有相应的民事权利能力和民事行为能力。当事人依法可以委托代理人订立合同。民事权利能力是参与民事活动、享有民事权利、承担民事义务的资格。民事行为能力是指以自己的意思进行民事活动、取得权利和承担义务的资格。合同当事人订立合同，应当具有合法的主体资格。

第一，自然人的民事权利能力和民事行为能力。自然人是指基于出生而成为民事法律关系主体的有生命的人。自然人从出生时起到死亡时止，具有民事权利能力，依法享有民事权利、承担民事义务。自然人的民事权利能力一律平等。任何公民，无论年龄、性别、职业、贫富等，都享有法律赋予的平等的民事权利能力，享有范围完全相同。自然人的民事行为能力分为完全民事行为能力、限制民事行为能力和无民事行为能力三种。

《中华人民共和国民法典》规定：①成年人为完全民事行为能力人，可以独立实施民事法律行为；②十六周岁以上的未成年人，以自己的劳动收入为主要生活来源的，视为完全民事行为能力人；③八周岁以上的未成年人为限制民事行为能力人，实施民事法律行为由其法定代理人代理或者经其法定代理人同意、追认；④不能完全辨认自己行为的成年人为限制民事行为能力人，实施民事法律行为由其法定代理人代理或者经其法定代理人同意、追认；⑤不能辨认自己行为的成年人为无民事行为能力人，由其法定代理人代理实施民事法律行为；⑥不满八周岁的未成年人为无民事行为能力人，由其法定代理人代理实施民事法律行为。

代理是代理人在代理权限范围内，以被代理人的名义实施的，其民事责任由被代理人承担的民事法律行为。也就是说，代理人以被代理人的名义对外所实施的民事法律行为，只有在代理权限范围内才能对被代理人有效。无权代理的行为对被代理人不产生效力，但经被代理人追认的，仍对被代理人产生效力。

第二，法人的民事权利能力和民事行为能力。法人作为合同当事人，也要具有相应的民事权利能力和民事行为能力。法人是与自然人相对的民事权利主体，是具有民事权利能力和民事行为能力、依法独立享有民事权利和承担民事义务的组织。

法人应当具备以下条件：①依法成立；②有财产和经费；③有自己的名称、组织机构和住所；④能够独立承担民事责任。

法人的民事权利能力是指法人依法可以享受何种权利的资格；法人的民事行为能力是指法人依法可以从事何种行为的资格；法人的民事权利能力和民事行为能力，从法人成立时产生，到法人终止时消灭。法人的民事权利能力是同法律、行政法规的规定和工商行政管理部门核准登记的业务范围以及其内部章程一致的；法人的民事行为能力是由法人机关或其授权委托的业务人员来实现的。

第三，其他组织。其他组织是指依法成立，有一定的组织机构和财产，但不具备法人资格的组织。其包括法人的分支机构、不具备法人资格的联营体、合伙企业、个人独资企业、个体工商户、农村承包经营户等。其他组织与法人相比，其复杂性在于民事责任的承担比较复杂。

（二）合同法律关系的客体

合同法律关系的客体即合同的标的，是指合同当事人双方或者多方享有的合同权利和承担的合同义务所共同指向的对象。合同法律关系的客体主要包括物、工程项目、服务、成果等。

第二节　水利工程施工合同管理

一、水利工程施工合同管理概述

（一）水利工程施工合同管理的概念、过程与任务

1.水利工程施工合同管理的概念

水利工程施工合同是水利工程建设项目的主要合同。水利工程施工合同是指水利建设项目发包人和承包人为完成特定的工程项目，明确相互权利、义务关系的协议。承包人应完成合同规定的项目施工任务，发包人按合同约定提供必要的施工条件并支付工程价款。

水利工程施工合同管理是指水利建设主管机关、发包人、监理人、承包人依照法律和行政法规、规章制度，采取法律的、行政的手段，对水利工程施工合同关系进行组织、指导协调和监督，保护水利工程施工合同当事人的合法权益，处理水利工程施工合同纠纷，防止和制裁违法行为，保证水利工程施工合同贯彻实施等一系列活动。

合同管理可以确保合同双方严格执行合同中明确规定的双方具体的权利与义务；增强合同双方履行合同的自觉性，调动建设各方的积极性，使合同双方自觉遵守法律规定，共同维护当事人双方的合法权益。水利工程的施工全过程实际就是合同管理的过程。

2.水利工程施工合同管理的过程

水利工程施工合同实行动态管理，其过程可概括为以下几点：确定阶段目标；监督、检查、协调、纠偏或及时调整目标；总结、确定下一阶段目标。实现这一过程的主要手段就是组织合同涉及的单位或部门，召开定期例会或不定期的协调会议，形成各方一致认可的书面记录，各方共同遵照执行，由此促进

合同涉及各方的相互沟通、协调配合，及时解决合同执行过程中出现的问题，确保合同的顺利执行。

3.水利工程施工合同管理的任务

国际建筑工程承包合同（一般条款）定义"承包人"为标书被发包人接受的投标人或投标公司，包括承包人的私人代表、继承人和经发包人同意的受让人。

施工合同管理是承包人项目管理的核心，其合同管理的任务可分为合同签订前和合同签订后两个部分。

合同签订前，应分析招标文件和审查合同文本，作出相应的分析报告，对合同的风险性及可取得利润进行评估；进行工程合同的策划，解决各关联合同之间的协调问题，并对分包合同进行审查；为工程预算、报价、合同谈判和合同签订提供决策的信息等，对合同修改进行法律方面的审查，配合企业制定报价策略，配合合同谈判。

合同签订后，应建立合同实施保证体系，保证合同实施过程中的一切日常事务性工作有序进行，使工程项目的全部合同事件处于控制中，保证合同目标的实现；对合同实施情况进行跟踪，收集合同实施信息，收集各种工程资料，进行相应的信息处理，对比分析合同实施情况与合同分析资料，找出偏离，对合同履行情况进行诊断，及时提出合同实施方面的意见、建议，甚至警告；进行合同变更管理，主要包括参与变更谈判，对合同变更进行事务性处理，落实变更措施，变更相关的资料，检查变更措施的落实情况；开展日常的索赔和反索赔工作。

（二）水行政主管部门及相关部门对施工合同的管理

水行政主管部门对施工合同的管理主要从规范施工合同、批准水利工程项目的建设、对水利建设活动实施监督等方面进行。质量监督机构对合同履行的监督主要包括：监督水利工程参建各方的主体质量行为，如发包人质量行为、监理人质量行为、承包人质量行为等；监督水利工程的实体质量，如对地基与基础工程、主体结构工程、竣工工程的抽查验收等。

1.对合同的形成过程进行监督

县级以上水行政主管部门或流域机构，是水利工程建设项目招投标活动的行政监督部门。中央项目由水利部或流域机构按项目管理权限实施行政监督；地方项目由项目水行政主管部门实施行政监督。与水利工程建设项目招投标活动有关的单位和个人必须自觉接受行政监督部门的行政监督。

水利工程建设项目招投标活动的行政监督一般采取事前报告、事中监督和事后备案的方式进行。主要内容包括：对招标准备工作的监督；对资格审查（含预审和后审）的监督；对开标的监督；对评标的监督；对定标的监督。

2.对施工工程合同的项目划分及其调整进行监督

《水利水电工程施工质量检验与评定规程》（SL176—2007）（以下简称《评定规程》）规定，工程质量监督机构对项目划分及其调整拥有确认权。

发包人负责组织监理、设计及施工等单位进行工程项目划分，并确定主要单位工程、主要分部工程、重要隐蔽单元工程和关键部位单元工程，在主体工程开工前，将项目划分表及说明书面报告报所属工程质量监督机构确认。工程质量监督机构收到项目划分书面报告后，应当在 14 个工作日内，对项目划分进行确认并将确认结果书面通知发包人。

在工程施工过程中，由于设计变更、施工部署的重新调整等诸多因素，需要对工程开工初期批准的项目划分进行调整。但对上述工程项目划分进行调整时，应当重新报送工程质量监督机构进行确认。

3.对合同工程的质量进行监督

《评定规程》规定，水行政主管部门及其委托的工程质量监督机构对水利水电工程施工质量检验与评定工作进行监督。水利工程质量监督机构是水行政主管部门对水利水电工程质量进行监督管理的专职机构，参建各方应当主动接受工程质量监督机构对其质量行为和工程实体质量的监督与检查。

4.对监理合同进行监督

《水利工程建设监理规定》规定：县级以上人民政府水行政主管部门和流域管理机构应当加强对水利工程建设监理活动的监督管理，对项目法人和监理单位执行国家法律法规、工程建设强制性标准以及履行监理合同的情况进行监督检查，项目法人应当依据监理合同对监理活动进行检查；县级以上人民政府水行政主管部门和流域管理机构在履行监督检查职责时，有关单位和人员应当客观、如实反映情况，提供相关材料；县级以上人民政府水行政主管部门和流域管理机构实施监督检查时，不得妨碍监理单位和监理人员正常的监理活动，不得索取或者收受被监督检查单位和人员的财物，不得谋取其他不正当利益；县级以上人民政府水行政主管部门和流域管理机构在监督检查中，发现监理单位和监理人员有违规行为的，应当责令纠正，并依法查处。

（三）发包人对施工合同的管理

1.发包人的义务

发包人的义务如下：发包人应当在其实施本合同的工作中遵守与本合同有关的法律、法规和规章，并承担由于其自身违反上述法律、法规和规章的责任；委托监理人在合同规定的日期前向承包人发布开工通知；在开工通知发出前安排监理人及时进驻实施监理；按专用合同条款规定的承包人用地范围和期限，办理施工用地范围内的征地和移民，按时向承包人提供施工用地；按合同规定完成由发包人承担的施工准备工程，并按合同规定的期限提供给承包人使用；按合同规定委托监理人向承包人提供现场测量基准点、基准线和水准点及其有关资料；按合同规定负责办理由发包人投保的保险；向承包人提供已有的与合同工程有关的水文和地质勘探资料，但只对列入合同文件的水文和地质勘探资料负责，不对承包人使用上述资料所作的分析、判断和推论负责；委托监理人在合同规定的期限内向承包人提供应当由发包人负责提供的图纸；按合同规定支付合同价款；按国家有关规定负责统一管理工程文明施工，为承包人实现文明施工目标创造必要的条件；按合同规定履行其治安保卫和施工安全职责；按环境保护的法律、法规和规章的有关规定统一筹划工程的环境保护工作，负责审查承包人合同规定所采取的环境保护措施，并监督其实施；按合同规定主持和组织工程的完工验收；其他义务。

2.合同履行中发包人的职责

发包人作为项目的投资者与所有者，在施工合同实施阶段的主要职责包括：选定发包人代表、任命监理工程师（必要时可撤换），并以书面形式通知承包人，如果是国际贷款项目，则还应当通知贷款方；根据合同要求负责解决工程用地征用手续以及移民等施工前期准备工作问题；批准承包人转让部分工程权益的申请，批准履约保证和承包人，批准承包人提交的保险单；在承包人有关手续齐备后，及时向承包人拨付有关款项；负责为承包人开证明信，以便承包人为工程的进口材料、设备以及承包人的施工装备等办理海关税收等有关手续；主持解决合同中的纠纷、合同条款必要的修改（须经双方讨论同意）；及时签发工程变更命令（包括工程量变更和增加新项目等），并确定这些变更的单价与总价；批准监理工程师同意上报的工程延期报告；对承包人的信函及时给予答复；负责编制并向上级及外资贷款单位送报财务年度用款计划、财务结算及各种统计报表等；协助承包人（特别是外国承包人）解决生活物资供应、运输等问题；负责组成验收委员会进行整个工程或局部工程的初步验收和最终竣工验收，并签发有关证书；如果承包人违约，则发包人有权终止合同并授权其他人去完成合同。

3.发包人合同管理的注意事项

监理人应当是受发包人委托在现场监管合同实施的唯一管理者，发包人对合同的决策和意见应当通过监理人员贯彻执行，以避免现场指挥混乱。因此，除合同中另有规定外，承包人只从总监理工程师和其授权的监理人员处取得指示。

（四）监理人对施工合同的管理

1.监理人的职责和权力

监理人应当履行监理合同规定的职责。监理人受发包人的委托，监督管理合同的实施，其主要工作包括：控制工程进度、质量和造价并为此进行合同管理，以及协调合同有关各方的工作关系。

发包人可根据监理人的资信和经验以及工程的具体情况在合同中确定监理人权力的范围。一般说来，发包人应当将工程的进度控制、质量监督和日常的合同支付签证尽量授权给监理人，而有关工程分包、工期调整与大的工程变更等重大问题，监理人应当在作出决定前得到发包人的批准。

监理人可以行使合同规定的和合同中隐含的权力，如果发包人要求监理人在行使某种权力之前必须得到发包人批准，则应当在专用合同条款中予以规定，否则监理人行使这种权力应当视为已得到发包人的事先批准。除合同中另有规定外，监理人无权免除或变更合同中规定的承包人或发包人的义务、责任和权利。

2.总监理工程师

总监理工程师是监理人驻工地履行监理人职责的全权负责人，在合同赋予监理人的权限范围内，全面负责发包人委托的全部监理工作。发包人应当在开工通知发布前，把总监理工程师的任命通知承包人。监理人如果更换总监理工程师，则须经发包人同意，并及时通知承包人。总监理工程师短期离开工地时，应当委派代表代行其职责，并通知承包人。

总监理工程师可以指派监理人员负责实施监理中的某项工作。总监理工程师应当将这些监理人员的姓名、职责和授权范围通知承包人。监理人员应妥善做好发包人所提供的工程建设文件资料的保存、回收与保密工作。

总监理工程师应履行以下职责：确定项目监理机构人员的分工和岗位职责；主持编写项目监理规划、审批项目监理实施细则，并负责管理项目监理机构的日常工作；审查分包单位的资质，并提出审查意见；检查和监督监理人员的工作，根据工程项目的进展情况可进行监理人员调配，对不称职的监理人员应调换其工作；主持监理工作会议，签发项目监理机构的文件和指令；审定承包单位提交的开工报告、施工组织设计、技术方案、进度计划；审核签署承包单位的申请、支付证书和竣工结算；审查和处理工程变更；主持或参与工程质量事故的调查；调解发包人与承包单位的合同争议，处理索赔，审批工程延期；组织编写并签发监理月报、监理工作阶段报告、专题报告和项目监理工作总结；审核签认分部工程和单位工程的质量检验评定资料，审查承包单位的竣工申请，组织监理人员对待验收的工程项目进行质量检查，参与工程项目的竣工验收；主持整理工程项目的监理资料。

总监理工程师代表应履行以下职责：负责总监理工程师指定或交办的监理工作；按总监理工程师的授权，行使总监理工程师的部分职责和权力。

3.监理人合同管理的注意事项

监理人应当严格按照合同规定，公正地履行职责。监理人按合同要求发出指示、表示意见、审批文件、确定价格，以及采取可能涉及发包人或承包人的义务和权利的行动时，应当认真查清事实，并与双方充分协商后作出公正的决定。

（五）承包人对施工合同的管理

1.承包人的基本义务

承包人的基本义务是保证工程质量，按时完成各项承包工作，并保证工程施工和人员的安全。具体包括以下几种：

第一，承包人应当在其负责的各项工作中，遵守与施工合同有关的法律、法规和规章，保证发包人免于承担因承包人违反上述法律、法规和规章而产生的任何责任；按施工合同规定向发包人提交履约担保证件；接到开工通知后及时调遣人员和调配施工设备、材料进入工地，按施工总进度要求完成施工准备工作。

第二，承包人应认真执行监理人发出的与施工合同有关的任何指示，按施工合同规定的内容和时间完成全部承包工作。除施工合同另有规定外，承包人应当提供为完成合同工作所需的劳务、材料、施工设备、工程设备和其他物品。

第三，承包人应按施工合同规定的内容和时间要求，编制施工组织设计、施工措施计划和由承包人负责的施工图纸，报送监理人审批，并对现场作业、施工方法的完备和可靠负全部责任；按施工合同规定，负责办理由承包人投保的保险；按国家规定文明施工，并在施工组织设计中提出施工全过程的文明施工措施计划。

第四，承包人应严格按施工图纸和施工合同技术条款规定的质量要求完成各项工作；按合同规定，认真采取施工安全措施，确保工程和其管辖的人员、材料、设施和设备的安全，并采取有效措施，防止工地附近建筑物和居民的生命财产遭受损失；遵守环境保护的法律、法规和规章，并按施工合同规定，采取必要措施保护工地及其附近的环境，避免遭受因施工引起的污染、噪声和其他因素所造成的环境破坏、人员伤害及财产损失。

第五，承包人在进行施工合同规定的各项工作时，应保障发包人和其他人的财产、利益以及使用公共设施的权利免受损害。按监理人的指示，承包人应为其他人在本工地或附近实施与本工程有关的其他各项工作提供必要的条件，包括场内交通道路的使用、施工控制网的使用、住宿和办公用房的租用、供水供电等基础设施的使用、混凝土和砂石料生产系统等临时设施的短期租用、施工材料的临时性调剂借用、施工设备的临时性租用、储存仓库的临时性租用、现场试验设备的调剂借用等。除合同另有规定外，有关提供条件的内容和费用应当在监理人的协调下另行签订协议。如果达不成协议，则由监理人做出决定，有关各方遵照执行。

第六，工程未移交发包人前，承包人负责照管和维护，移交后承包人应当承担保修期内的缺陷修复工作。如果工程移交证书颁发时尚有部分未完工程需在保修期内继续完成，则承包人还应当负责该未完工程的照管和维护，直至完工后移交给发包人为止。在施工合同规定的期限内，承包人应完成工地清理，并按期撤退其人员、施工设备和剩余材料。

2.承包人必须履行的其他义务

第一，执行监理工程师的指令。

在国际工程中，承包人必须执行监理工程师的指令，如果是超出合同规定之外的额外的工作内容，则乙方可要求索赔。

第二，接受工程变更要求。

由于各种不可预见的因素存在，工程变更现象在所难免，因而要求承包人接受一定范围的工程变更要求。但根据合同变更的定义，变更是当事人双方协商一致的结果，所以因客观条件的制约工程不得不变更时，甲方必须与乙方协商，并达成一致意见。

第三，执行合同中有关期限的规定。

有关期限主要指开、竣工时间，合同工期，等等。

第四，执行合同中有关价格的规定。

价格是合同的实质性因素，除非发生例外情况，一经缔结便不得更改。

3.承包人合同管理的注意事项

加强合同意识，重视合同管理；建立以合同管理为核心的组织机构；明确合同管理的工作流程；制定必要的合同管理工作制度（如合同交底制度、责任分解制度、每日工作报送合同管理工程师制度、进度款的合同管理工程师审查制度）；重视合同文本分析（合法性分析、完备性分析）；重视合同变更管理；加强分包合同管理；重视合同管理人才的培养；等等。

二、水利工程施工合同的投资目标控制

（一）水利工程施工合同的投资目标控制概念

水利工程施工合同的投资目标控制就是将投资控制在批准的限额内，建成质量和技术性能满足设计要求的工程，即建设各方根据施工合同有关条款和施工图纸，对工程项目投资目标进行风险分析，制定防范对策；控制计量与支付，防止或减少索赔，控制工程变更，预防和减少风险干扰，按照合同规定付款，避免延误工期，确保实际投资不超过项目计划投资额。

（二）建设各方对工程计量的管理

工程量计量的方法包括现场计量、按设计图纸计量、仪表计量、按单据计算、按监理人批准计量、包干计价等。计量计算包括重量计量的计算、面积计量的计算、体积计量的计算、长度计量的计算等。

在监理人签发的施工图纸（包括设计变更通知）所确定的建筑物设计轮廓线和施工合同文件约定应当扣除或增加计量的范围内，按《水利工程工程量清单计价规范》（GB 50501—2007）有关规定及施工合同文件约定的计量方法和计量单位进行计量。当承包人完成了每个计价项目的全部工程量后，监理人应当要求承包人与其共同对每个项目的历次计量报表进行汇总和总体量测，核实该项目的最终计量工程量。

1.发包人对工程计量的管理

发包人依据施工合同约定，认定工程计量程序，通过监理人按程序工作，实现对工程计量的管理。监理规范规定的工程计量程序如下：工程项目开工前，监理人应当监督承包人按有关规定或施工合同约定，完成原始地面地形以及计量起始位置地形图的测绘，并审核测绘成果；工程计量前，监理人应当审查承包人计量人员的资格和计量仪器设备的精度及率定情况，审定计量的程序和方法；在接到承包人计量申请后，监理人应当审查计量项目、范围、方式，审核承包人提交的计量所需的资料、工程计量已具备的条件，如果发现问题，或不具备计量条件，则应当督促承包人进行修改和调整，直至其符合计量条件要求，方可同意进行计量；监理人应当会同承包人共同进行工程计量，或监督承包人的计量过程，确认计量结果，或依据施工合同约定进行抽样复核；在付款申请签认前，监理人应当对支付工程量汇总成果进行审查，如果发现计量有误，则可重新进行审核、计量，进行必要的修正。

2.承包人对已完工程计量的管理

施工合同工程量清单中开列的工程量是招标时的估算工程量，不是承包人为履行合同应当完成的和用于结算的实际工程量。结算的工程量应当是承包人实际完成的并按合同有关计量规定计量的工程量。

承包人应当按合同规定的计量办法，按月对已完成的质量合格的工程进行准确计量，并在每月末随同月付款申请单，按工程量清单的项目分项向监理人提交完成工程量的月报表和有关计量资料。监理人对承包人提交的工程量月报表有疑问时，可以要求承包人派员与监理人共同复核，并可要求承包人按施工合同相关条款的规定进行抽样复测，承包人应当积极配合和指派代表协助监理人进行复核，并按监理人的要求提供补充的计量资料。如果承包人未按监理人的要求派代表参加复核，则监理人复核修正的工程量应当被视为该部分工程的准确工程量；监理人认为有必要时，可要求与承包人联合进行测量计量，承包人应当遵照执行。承包人完成了工程量清单中每个项目的全部工程量后，监理人应当要求承包人派员共同对每个项目的历次计量报表进行汇总和核实，并可要求承包人提供补充计量资料，以确定该项目最后一次进度付款的准确工程量，如果承包人未按监理人的要求派员参加，则监理人最终核实的工程量应当被视为该项目完成的准确工程量。

3.监理人对已完工程计量的管理

在监理人签发的施工图纸（包括设计变更通知）所确定的建筑物设计轮廓

线和施工合同文件约定应扣除或增加计量的范围内，应按有关规定及施工合同文件约定的计量方法和计量单位进行计量。

当承包人完成了每个计价项目的全部工程量后，监理人应要求承包人与其共同对每个项目的历次计量报表进行汇总和总体量测，核实该项目的最终计量工程量。

（三）建设各方对各种工程款支付的管理

1.发包人对各种工程款支付的管理

发包人只对经监理人签字确认的，经审查无误的付款证书支付工程款项。对于没有经监理人签字确认的付款证书，发包人不支付任何工程款项。发包人发现监理人签字确认的付款证书存在问题时，可责令其修正；发现监理人和承包人恶意串通事件时，可以提交司法机关处理。

2.监理人对各种工程款支付的管理

《水利工程建设监理规定》第 17 条规定："监理单位应当协助项目法人编制付款计划，审查被监理单位提交的资金流计划，按照合同约定核定工程量，签发付款凭证。未经总监理工程师签字，项目法人不得支付工程款。"

3.承包人对各种工程款支付的管理

承包人严格按照监理规范的表格式样，按施工合同约定内容，在施工合同约定的期限内填报付款申请报表，避免申请资料不全或不符合要求造成付款证书签证延误与影响工程款及时收回的情况出现。

（四）建设各方对调价的管理

合同规定的调价种类有两种：物价波动引起的价格调整和法规更改引起的价格调整。

1.物价波动引起的价格调整

计算需调整的价格差额，因人工、材料和设备等价格波动影响合同价格时，按式 6-1 计算差额，调整合同价格。

$$\Delta P = P_0 \left(A + \sum B_n \frac{F_{tn}}{F_{on}} - 1 \right) \qquad (6\text{-}1)$$

式中　ΔP——需调整的价格差额。

P_0——按施工合同中月进度付款证书、完工付款证书及支付时间、最终付款证书和支付时间等条款规定的付款证书中，承包人应当得到的已完成工程量的金额（不包括价格调整，不计保留金的扣留和支付以及预付款的支付扣还。对变更部分，如果已按现行价格计价的则不计在内）。

A——定值权重（即不调部分的权重）。

B_n——各可调因子的变值权重（即可调部分的权重），为各可调因子在合同估算价中所占的比例。

F_{tn}——与永久工程的材料预付款、完工付款证书及支付时间、最终付款证书和支付时间等相关条款规定的付款证书相关周期最后一天前 42 天的各可调因子的现行价格指数。

F_{on}——投标截止日前 42 天的各可调因子的基本价格指数。

以上价格调整公式中的各可调因子、定值和变值权重以及基本价格指数及其来源，规定在投标补充资料的价格指数和权重表内。价格指数应当首先采用国家或省、自治区、直辖市的政府物价管理部门或统计部门提供的价格指数，如果缺乏上述价格指数，则可采用上述部门提供的价格或双方商定的专业部门提供的价格指数或价格代替。

暂时确定调整差额。在计算调整差额时如果得不到现行价格指数，则可暂用上一次的价格指数计算，并在以后的付款中再按有关规定进行调整。

权重的调整。按施工合同中变更的范围和内容相关条款规定的变更，导致原定合同中的权重不合理时，监理人应当与承包人和发包人协商后进行调整。

其他的调价因素。除在专用合同条款中另有规定和施工合同规定的调价因素外，其余因素的物价波动均不另行调价。

工期延误后的价格调整。因承包人原因未能按专用合同条款中规定的完工日期完工，则对原定完工日期后施工的工程，按式6-1调整计算时，应当采用原定完工日期与实际完工日期的两个价格指数中的低者作为现行价格指数。如果按承包人要求延长工期的处理规定延长了完工日期，但又由于承包人原因未能按延长后的完工日期内完工，则对延期期满后施工的工程，其价格调整计算应当采用延长后的完工日期与实际完工日期的两个价格指数中的低者作为现行价格指数。

2.法规更改引起的价格调整

在基准日（投标截止日前的第28天）后，国家的法律、行政法规或国务院有关部门的规章和工程所在地的地方性法规和规章发生更改或增删，导致承包人在实施合同期间所需要的工程费用发生除物价波动引起的价格调整规定外的增减时，应当由监理人与发包人和承包人进行协商后确定需调整的合同金额。

（五）建设各方对解除合同关系结算的管理

施工合同解除的原因可能是承包人违约，也可能是发包人违约，还可能是不可抗力。施工合同解除后的支付，首先要界定合同解除类型，确定支付原则，由承包人提出，监理人按施工合同约定，审核并签发由发包人批准的付款证书。

1.承包人违约引起合同终止的估价与结算管理

监理人应当就合同解除前承包人应当得到，但未支付的下列工程价款和费用签发付款证书，但应当扣除根据施工合同约定应当由承包人承担的违约费用：已实施的永久工程合同金额；工程量清单中列有的、已实施的临时工程合同金额以及计日工金额；为合同项目施工合理采购制备的材料、构配件、工程设备的费用；承包人依据有关规定、约定应当得到的其他费用。

2.发包人违约引起合同终止的估价与结算管理

监理人应当就合同解除前承包人所应当得到，但未支付的下列工程价款和费用签发付款证书：已实施的永久工程合同金额；工程量清单中列有的、已实施的临时工程合同金额以及计日工金额；为合同项目施工合理采购制备的材料、构配件、工程设备的费用；承包人退场费用；解除施工合同给承包人造成的直接损失；承包人依据有关规定、约定应当得到的其他费用。

3.不可抗力引起合同解除后结算的管理

监理人应当根据施工合同约定，就承包人应当得到，但未支付的下列工程价款和费用签发付款证书：已实施的永久工程合同金额；工程量清单中列有的、已实施的临时工程合同金额以及计日工金额；为合同项目施工合理采购制备的材料、构配件、工程设备的费用；承包人依据有关规定、约定应当得到的其他费用。

4.监理人对合同解除后结算的管理

监理人在界定合同解除类型并确定支付原则后，依据施工合同对承包人违约、发包人违约、不可抗力致使三类施工合同解除的支付规定，按施工合同约定，审核并签发由发包人批准的付款证书。按施工合同约定，监理人协助发包人及时办理施工合同解除后的工程接收工作。

三、水利工程施工合同的质量目标控制

（一）建设各方的质量检查职责和权力

1.承包人的质量管理与质量检查职责

（1）承包人的质量管理

保证工程施工的质量是承包人的基本义务，承包人应当建立健全工程质量保证体系，切实在组织上和制度上落实质量管理工作，确保工程质量。

承包人进行质量管理，主要从以下几个方面着手：建立健全质量保证体系，在工地设置专门的质量检查机构，配备专职的质量检查人员；在接到开

工通知后的 84 天内提交一份内容包括质量检查机构的组织、岗位责任、质检人员的组成、质量检查程序、实施细则等的质量保证措施报告，报送监理人审批。

（2）承包人的质量检查职责

承包人应严格按照施工合同技术条款的规定、监理人的指示，对工程使用的材料和工程设备以及工程的所有部位及其施工工艺，进行全过程质量自检，详细做好质量检查记录，编制工程质量报表，定期提交监理人审查。

为了方便监理人复核检验，便于日后发现问题时查找原因，作为发生合同争议时的原始记录，以及便于质量监督机构检查、竣工验收，承包人应当建立一套全部工程的质量记录和报表，可按照《评定规程》要求进行。

2.监理人的质量检查权力

监理人有权对全部工程的任何部位及其任何一项工艺、材料和工程设备进行检验，承包人应当为监理人的质量检验提供一切方便，包括监理人到施工现场或制造加工地点或合同规定的其他地方进行查阅施工记录。承包人还应当按监理人指示，进行现场取样试验、工程复核测量和设备性能检测，提供试验样品、试验报告和测量结果以及监理人要求进行的其他工作。监理人的检验不免除承包人按合同规定应当负的责任。

（1）监理人进行施工过程质量控制的职责和权力

督促承包人按施工合同约定对工程所有部位和工程使用的材料、构配件与工程设备的质量进行自检，并按规定向监理人提交相关资料；采用现场查阅施工记录以及对材料、构配件、试样等进行抽检的方式对施工质量严格控制；及时对承包人可能影响工程质量的施工方法以及各种违章作业行为发出调整、制止、整顿直至暂停施工的指示；严格进行旁站监理工作，特别注重对易引起渗漏、冻融、冲刷、汽蚀等工程部位的质量控制；单元工程（或工序）未经监理人检验或检验不合格，承包人不得开始下一单元工程（或工序）的施工；发现承包人使用的材料、构配件、工程设备以及施工设备或其他原因可能造成质量事故时，及时发出指示，要求承包人立即采取措施纠正，必要时，责令其停工整改；发现施工环境可能影响工程质量时，指示承包人采取有效的防范措施，必要时停工整改；对施工过程中出现的质量问题及其处理措施或遗留问题进行详细记录和拍照，保存好相片或录像带等相关资料；参加工程设备供货人组织的技术交底会议；监督承包人按照工程设备供货人提供的安装指导书进行工程设备的安装；审核承包人提交的设备启动程序并监督承包人进行设备启动与调试工作。

（2）监理人检验已经完成单元工程质量的权力

监理人根据《水电水利基本建设工程单元工程质量等级评定标准》和抽样检测结果，复核永久性工程（包括主体工程及附属工程）工程质量；承包人应当首先对工程施工质量进行自检，未经承包人自检或自检不合格、自检资料不完善的单元工程（或工序），监理人有权拒绝检验；对承包人经自检合格后报验的单元工程（或工序）质量，监理人按有关标准和施工合同约定的要求进行检验，检验合格后方予以签认；采用跟踪检测、平行检测方法对承包人的检验结果进行复核，平行检测和跟踪检测工作由具有国家规定资质条件的检测机构承担，平行检测费用由发包人承担；工程完工后需覆盖的隐蔽工程，以及工程的隐蔽部位，应当通过监理人验收合格后方可覆盖；在工程设备安装完成后，督促承包人按规定进行设备性能试验，并提交设备操作和维修手册。

（3）监理人处理已经发生的工程质量事故

质量事故发生后，承包人应当按规定及时提交事故报告；监理人接到承包人按规定及时提交的事故报告后，在向发包人报告的同时，指示承包人及时采取必要的应急措施并保护现场，做好相应记录；监理人应当积极配合事故调查组进行工程质量事故调查、事故原因分析、参与处理意见等工作；监理人应当指示承包人按照批准的工程质量事故处理方案和措施对事故进行处理。经监理人检验合格后，承包人方可进入下一阶段施工。

3.发包人的质量管理与质量检查

发包人应当将工程发包给具有相应资质等级的单位，不得将建设工程肢解发包；应当依法对工程建设项目的勘察、设计、施工、监理以及与工程建设有关的重要设备、材料等的采购进行招标；必须向有关的勘察、设计、施工、监理等单位提供与建设工程有关的原始资料，且原始资料必须真实、准确、齐全；不得迫使承包方以低于成本的价格竞标，不得任意压缩合理工期，不得明示或者暗示设计单位或者承包人违反工程建设强制性标准，降低建设工程质量；应当将施工图设计文件报县级以上人民政府建设行政主管部门或者其他有关部门审查，施工图设计文件未经审查批准不得使用。

对于必须实行监理的工程，发包人应当委托具有相应资质等级的工程监理人进行监理，也可以委托具有工程监理相应资质等级并与被监理工程的施工承包单位没有隶属关系或者其他利害关系的该工程的设计单位进行监理。

在领取施工许可证或者开工报告前，发包人应当按照国家有关规定办理工程质量监督手续。按照合同约定，由发包人采购建筑材料、建筑构配件和设备的，发包人应当保证建筑材料、建筑构配件和设备符合设计文件与合同要求，发包人不得明示或者暗示承包人使用不合格的建筑材料、建筑构配件和设备。涉及建筑主体和承重结构变动的装修工程，发包人应当在施工前委托原设计单位或者具有相应资质等级的设计单位提出设计方案；没有设计方案的，不得施工；房屋建筑使用者在装修过程中，不得擅自变动房屋建筑主体和承重结构。

收到具备竣工验收条件的竣工报告后，发包人应当组织设计、施工、监理等有关单位进行竣工验收，工程经验收合格后方可交付使用；应当严格按照国家有关档案管理的规定，及时收集整理建设项目各环节的文件资料，建立、健全建设项目档案，并在建设工程竣工验收后，及时向建设行政主管部门或者其他有关部门移交建设项目档案。

在工程施工质量检验方面，发包人应当对承包人自检和监理人抽检过程进行督促检查，对上报工程质量监督机构核备、核定的工程质量等级进行认定。

（二）建设各方对投入人员的管理

水利工程施工期间，工程投入人员的素质、职业资格人员的安定情况，对水利工程施工合同质量目标控制的影响不容忽视。因此，建设各方对投入人员的管理工作是一项基本的工作。

1.发包人对监理人投入人员的过程管理

有效的监理是水利工程施工合同质量目标控制的保障。因此，在水利工程施工合同实施期间，发包人有必要加强对监理人投入人员的过程管理。主要管理内容如下：依据监理合同对监理单位和监理人员的监理工作进行检查；监理人更换总监理工程师须事前经发包人同意，发包人有权要求更换不称职的监理人，直至合同终止；有权要求监理人提交监理月报和监理工作范围内的专题报告。

2.监理人对承包人投入人员的管理

监理人对承包人投入人员的管理主要包括以下内容：①监理人对承包人安排投入人员情况的检查；②监理人对承包人提交的管理机构和人员情况报告的检查；③监理人对承包人投入人员上岗资格的审查；④监理人行使权力要求承包人撤换投入人员的管理。

3.承包人对所投入人员的自我管理

（1）承包人对投入人员选派的管理

为了完成水利工程施工合同规定的各项工作，承包人要向工地派遣或雇佣技术合格、数量足够、具有资格证明的各类专业技工、普工，向工地派遣或雇用具有技术理论知识和施工经验的各类专业技术人员，向工地派遣或雇用有能力进行现场施工管理和指导施工作业的工长以及具有相应岗位资格的管理人员。

承包人按照在投标文件的工程投入主要人员一览表中列入的人员配备，未经发包人同意，主要人员不能随意更换。承包人的施工项目经理是承包人驻施工工地的全权负责人，要按照水利工程施工合同的规定履行承包人的职责，要按照水利工程施工合同的规定和监理的指示负责组织合同工程的圆满实施，项目经理若短期离开工地，则要委派代表代行其职，并通知监理。承包人在实施合同工程中所发出的一切函件，均须加盖承包人授权的现场管理机构公章，均须有施工项目经理或其授权代表的签名。承包人在指派项目经理时必须征得发包人同意，项目经理易人必须事先征得发包人同意。

（2）承包人对投入人员的保障管理

承包人需要按照有关法律、法规和规章的要求，充分保障其投入人员的合法权益。一般内容包括：保障投入人员休息和休假的权利；为投入人员提供必要的食宿条件；提供符合环保要求与卫生要求的生活环境；配备伤病预防治疗、急救所需的医务人员和医疗设施；采取符合有关劳动保护规定的、有效的劳动保护措施，防止粉尘、有害气体危害人体，保障高温、高寒、高空作业安全；对施工中受伤的人员，立即提供有效措施进行抢救和治疗；为其管辖的所有人员办理有关法律、法规和规章要求的各种保险；负责处理其投入人员伤亡事故的全部善后事宜。

（三）建设各方对材料和工程设备供应环节的管理

1.发包人对自己提供的材料和工程设备的管理

由发包人提供的工程设备的名称、规格、数量、交货地点和计划交货日期均应规定在专用合同条款中。承包人应当根据合同进度计划的进度安排，提交一份满足工程设备安装要求的交货日期计划报送监理人审批，并抄送发包人，监理人收到上述交货日期计划后，应当与发包人和承包人协商确定交货日期。

发包人提供的工程设备不能按期交货时，应当事先通知承包人，因此增加的费用和工期延误责任由发包人承担。

发包人要求按专用合同条款中规定的提前交货期限内提前交货时，承包人不应当拒绝，且不得要求增加任何费用；承包人要求更改交货日期时，应当事先报监理人批准，否则由于承包人要求提前交货或不按时提供所增加的费用和工期延误责任由承包人承担。

如果发包人提供的工程设备的规格、数量或质量不符合合同要求，则因此增加的费用和工期延误责任由发包人承担。

2.承包人对自己提供的材料和工程设备的管理

（1）承包人设备应当及时进入工地

合同规定的承包人设备应当按合同进度计划（在施工总进度计划尚未批准前按协议书商定的设备进点计划）进入工地，并须经监理人核查后投入使用，如果承包人需变更合同规定的承包人设备，则须经监理人批准。

（2）承包人的材料和设备应当专用于本合同工程

承包人运入工地的所有材料和设备应当专用于本合同工程。承包人除在工地内转移这些材料和设备外，未经监理人同意，不得将上述材料和设备中的任何部分运出工地，但承包人从事运送人员和外出接运货物的车辆不要求办理同意手续。承包人在征得监理人同意后，可以按不同施工阶段的计划撤走属于自己的闲置设备。

（3）承包人旧有施工设备的管理

承包人的旧有施工设备进入工地前必须按有关规定进行年检和定期检修，并应当由具有设备鉴定资格的机构出具检修合格证或经监理人检查后才准进入工地。承包人还应当在旧有施工设备进入工地前提交主要设备的使用和检修记录，并应当配置足够的备品备件以保证旧有施工设备的正常运行。

（4）承包人租用施工设备的管理

发包人拟向承包人出租施工设备时，应当在专用合同条款中写明各种租赁设备的型号、规格、完好程度和租赁价格；承包人可以根据自身的条件选租发包人的施工设备。承包人如果计划租赁发包人提供的施工设备，则应当在投标时提出选用的租赁设备清单和租用时间，并在报价中计算相应的租赁费用，中标后另行签订协议。承包人从其他人处租赁施工设备时，应当在签订的租赁协议中明确规定以下内容，即在协议有效期内如果发生承包人违约而解除合同，则发包人或发包人邀请承包本合同的其他承包人，可以相同的条件取得该施工设备的使用权。

3.监理人对承包人投入工程设备的管理

监理人有权要求承包人增加和更换施工设备。监理人一旦发现承包人使用的施工设备影响工程进度和质量，便有权要求承包人增加和更换施工设备，承包人应当及时增加和更换，因此增加的费用和工期延误责任由承包人承担。

（四）建设各方对材料与工程设备的检验管理

1.对承包人负责采购的材料和工程设备的检验管理

承包人提供的材料和工程设备由承包人负责检验与交货验收，验收时应当同时查验材质证明和产品合格证书。承包人还应当按技术条款的规定进行材料的抽样检验和工程设备的检验测试，并将检验结果提交监理人，其所需费用由承包人承担。必要时，监理人可要求参加交货验收，承包人应当为监理人对交货验收的监督检查提供一切方便。监理人参加交货验收，但是不免除承包人在检验和交货验收中应当负的责任。

2.对发包人提供的工程设备的检验测试管理

发包人提供的工程设备应当由发包人和承包人在合同规定的交货地点共同进行交货验收，并由发包人正式移交给承包人。承包人应当按技术条款的规定进行工程设备的检验测试，并将检验结果提交监理人，其所需费用由承包人承担。工程设备安装后，如果发现工程设备存在缺陷，则应当由监理人与承包人共同查找原因：如果属于设备制造不良引起的缺陷，则应当由发包人负责；如果属于承包人运输和保管不慎或安装不良引起的损坏，则应当由承包人负责。

3.对检验时间、地点和费用的管理

对合同规定的各种材料和工程设备，应当由监理人与承包人商定进行检验

的时间及地点。如果监理人因特殊情况无法按时派出监理人员到场，则承包人可自行检验，并立即将检验结果提交监理人。除合同另有规定外，监理人应当在事后确认承包人提交的检验结果，如果监理人对承包人自行检验的结果有疑问，则可按监理人质量检查权力的规定进行抽样检验。如果检验结果证明该材料或工程设备质量不符合合同要求，则应当由承包人承担抽样检验的费用；如果检验结果证明该材料或工程设备质量符合合同要求，则应当由发包人承担抽样检验的费用。

4.对未按规定检验、额外检验、重新检验的管理

（1）未按规定检验

承包人未按合同规定对材料和工程设备进行检验，监理人可以指示承包人按合同规定补做检验，承包人应当遵照执行，并承担所需的检验费用与工期延误责任。

（2）额外检验和重新检验

如果监理人要求承包人对某项材料和工程设备进行的检验在合同中未作规定，则监理人可以指示承包人增加额外检验，承包人应当遵照执行，但应当由发包人承担额外检验的费用和工期延误责任。不论何种原因，监理人如果对以往的检验结果有疑问，则可以指示承包人重新检验，承包人不得拒绝。如果重新检验结果证明这些材料和工程设备不符合合同要求，则应当由承包人承担重新检验的费用和工期延误责任；如果重新检验结果证明这些材料和工程设备符合合同要求，则应当由发包人承担其重新检验的费用和工期延误责任。

第三节　水利工程施工合同纠纷处理

一、合同纠纷的概念

合同纠纷也称合同争议，是指合同当事人在签订、履行合同的过程中，以及因变更或解除合同就有关事项发生的争议。这些争议包括针对合同成立的地点、合同的效力、合同的履行、合同的变更和转让、合同权利义务的终止、违约责任的承担以及合同内容的解释等事项产生的不同意见。

二、合同纠纷发生的原因

合同纠纷发生的原因多种多样，可能是合同条款本身就含糊不清，也可能是合同条款本来比较清楚，但当事人对合同内容的理解有所不同。人们订立合同一般都是为了达到自己的目的或是实现自己的利益，合同当事人的立场存在差异，对问题的认识各有不同，出现合同纠纷也在所难免。出现合同纠纷并不可怕，重要的是寻找妥善的解决方式，避免出现由合同纠纷导致合同双方当事人的经济关系和往来受到影响、社会秩序和经济秩序出现不稳定的不利情形。

三、合同纠纷的表现特点

第一，突发性。水利工程因为工程的复杂性、施工环节以及工种的多元性，风险相对集中，通常会突然发生施工事故，如基坑坍塌、触电等，这些风险都会明显增加施工企业的成本。若建设单位和承包单位合同对工伤款项含混不清，就会造成施工合同纠纷。

第二，多样化。这指的是纠纷原因多样化，工程质量不佳、工程超期、工程款支付不及时等都会导致小型水利工程施工合同纠纷，这也导致了我国目前该类工程施工合同纠纷的增多。

第三，合同缺乏规范。按照国家要求，任何工程施工合同都需要根据《建设工程施工合同（示范文本）》（GF—2017—0201）拟定，这样可以确保合同纠纷发生后，法院等司法机关能够快速判定责任，提高审案效率，也能够使合同双方的利益都得到必要的保护。但目前以小型水利工程为代表的一些工程，建设单位和施工单位签订的合同内容不规范，导致纠纷发生以后，司法机关对合同都不能理解，不利于调解矛盾。这延长了诉讼期，给建设单位、施工单位造成了严重消耗，也挤占了司法资源。

第四，复杂性。所谓复杂性，指的是纠纷有关主体多，造成责任难以划分。例如，一个工程中有建设单位、总承包、分包、施工工人等主体，一旦在发生事故后无法有效地落实责任，就会导致彼此推诿。

四、合同纠纷的处理难点

处理水利工程施工合同纠纷时，建设单位、施工单位在损失计量上往往难以达成统一意见，因为这直接关乎到彼此的利益。在法院调解过程中，双方也往往难以达成统一认识。具体来说，合同纠纷的处理难点如下：

第一，双方工程预算意见不一。建设单位会根据勘测结果以及工程量来进行工程概算，在这一概算指引下寻找设计单位进行工程设计，于此阶段形成具体的工程预算。但是在建设单位的影响下，该预算没有给施工企业留出太大的利润空间，这是导致施工企业超预算的原因之一。然而，建设单位会认为是施工企业施工管理不善导致超预算，施工企业则认为是最初预算不合理导致超预算。

第二，发包单位准备工作不足，给施工单位施工造成了负面影响，导致其工期延长，或者因为建设单位勘测不良，导致施工环节出现塌方等事故，严重影响施工进度。而建设单位会认为是施工单位防护措施不全导致事故发生，这样的责任难以划分。

第三，建设单位和施工单位就窝工费形成争议。当纠纷发生以后，工程停滞，而此类工程的施工人员大部分都非本地人，在停工期间要滞留本地，按照有关规定需要对他们支付基本工资，这会导致建设单位或者发包单位和承包单位就窝工费产生争议。

第四，对于施工事故责任归属，建设单位和施工单位都缺乏证据。该类工程在任何施工阶段都会产生不同程度的施工事故，而建设单位、施工单位都没有积极地收集与事故有关的证据，不能让一些事故争端在有效时间里获得解决，最终积少成多造成了严重纠纷，纠纷有关的金额也越来越大。同时，有关管理主体还可能在这个时间段内频繁调动，导致建设单位、施工企业、发包单位、承包单位之间难以划清责任，纠纷解决起来难度很大。

五、合同纠纷的解决策略

在该类合同纠纷的解决策略当中首推和解，在和解不成的情况下，调解、仲裁、诉讼等方式也可以用来解决矛盾。

（一）和解

所谓和解，指的是双方当事人遵照法律规定，彼此说出自己的诉求。这种方式是构建和谐社会、提升司法效率的关键。在中小型水利工程合同纠纷当中，若双方矛盾并不是非常突出，则可以采用该种方式。达成和解需要双方在平等、自愿、合法的基础上来展开沟通、探讨、辩论，并且双方要抱着继续合作的态度，来对目前的责任进行划分，这样有利于合作继续进行，从而保证工程能够如期完成。

（二）调解

这种方式指的是在第三方调停疏导之下，双方当事人展开沟通，最终达成协议。具体来说，调解有民间调解、行政调解、仲裁机构调解、法院调解四种形式。

1.民间调解

民间调解是双方寻找非官方的第三方单位或者个人来对彼此形成的合同纠纷展开调解，其形成调解协议只有一般的法律效力，若一方不履行调解协议，则另一方不能申请强制执行。

2.行政调解

行政调解是有关部门对纠纷展开调解，如水利水电建设管理部门对建设单位和施工单位展开调解。其形成的调解协议也只有一般的法律效力。

3.仲裁机构调解

如果双方在和解阶段对利益划分都不满意，或者矛盾纠纷涉及对具体的水利施工规范、标准的解读，而双方理解不一、争执不下，就需要仲裁机构提供仲裁。形成的调解书需要双方签字、盖章，调解书和裁决书效力等同，若一方不履行调解协议，则另一方可以申请强制执行。

4.法院调解

法院根据有关法律来对具体矛盾的责任进行划分，然后作出最终判决，双方当事人收到法院的调解书后需要签字、盖章，调解书和判决书的法律效力等同。

（三）仲裁

仲裁指的是双方当事人在和解、调解不成的情况下，可以将二者形成的仲裁协议上交仲裁机构，申请仲裁。当然，若是双方当事人之前没有建立仲裁协议或者其他有关条款，就需要通过诉讼的形式来解决纠纷。

（四）诉讼

以《中华人民共和国民事诉讼法》为依据，一方将另一方起诉到法院，请求法院按照法定程序来展开审判，使自己的合法权益得到保护，或者让彼此的责任、权利、利益得到明确，最终使纠纷得到解决。

在我国水利工程合同纠纷当中，相关人员需要根据客观实际来选择不同的纠纷解决形式，使矛盾得到及时解决。其中，首推和解和调解，因为二者解决纠纷的时间短，对在建工程形成的负面影响小。

第七章　水利工程质量管理

第一节　水利工程质量管理概述

水利工程项目的施工阶段是根据设计图纸和设计文件的要求，通过工程参建各方及其技术人员的劳动形成工程实体的阶段。这个阶段的质量管理无疑是极其重要的，其中心任务是通过建立健全有效的工程质量监督体系，确保工程质量达到合同规定的标准和等级要求。为此，在水利工程项目建设中，建立了质量管理的三个体系，即施工单位的质量保证体系、建设（监理）单位的质量检查体系和政府部门的质量监督体系。

一、水利工程项目质量和质量管理的概念

（一）水利工程项目质量

质量是反映实体满足明确或隐含需要能力的特性总和。水利工程项目质量是国家现行的有关法律、法规、技术标准、设计文件及工程承包合同对工程的安全、适用、经济、美观等特征的综合要求。

从功能和使用价值来看，水利工程项目质量体现在适用性、可靠性、经济性、外观质量与环境协调等方面。由于水利工程项目是依据项目法人的需求而兴建的，故各工程项目的功能和使用价值的质量应满足不同项目法人的需求，并无一个统一的标准。

从水利工程项目质量的形成过程来看，水利工程项目质量包括工程建设各个阶段的质量，即可行性研究质量、工程决策质量、工程设计质量、工程施工质量、工程竣工验收质量。

水利工程项目质量具有两个方面的含义：一是指工程产品的特征性能，即工程产品质量；二是指参与工程建设各方面的工作水平、组织管理等，即工作质量。工作质量包括社会工作质量和生产过程工作质量。社会工作质量主要是指社会调查、市场预测、维修服务等。生产过程工作质量主要包括管理工作质量、技术工作质量、后勤工作质量等，最终将反映在工序质量上，而工序质量的好坏，直接受到人、原材料、机具设备、工艺及环境等五方面因素的影响。

因此，水利工程项目质量的好坏是各环节、各方面工作质量的综合反映，而不是单纯靠质量检验查出来的。

（二）水利工程项目质量管理

质量管理是指为达到质量要求所采取的作业技术和活动，水利工程项目质量管理，实际上就是对工程在可行性研究、勘测设计、施工准备、建设实施、后期运行等各阶段、各因素的全程、全方位的质量监督控制。水利工程项目质量有一个实现的过程，应控制这个过程中的各环节，以满足工程合同、设计文件、技术规范规定的质量标准。在我国的水利工程项目建设中，水利工程项目质量管理按其实施者的不同，包括以下三个方面：

1.项目法人方面的质量管理

项目法人方面的质量管理，主要是委托监理单位依据国家的法律、规范、标准和工程建设的合同文件，对工程建设进行监督和管理。其特点是外部的、横向的、不间断的控制。

2.政府方面的质量管理

政府方面的质量管理是通过政府的质量监督机构来实现的，其目的在于维护社会公共利益，保证技术性法规和标准的贯彻执行。其特点是外部的、纵向的、定期或不定期抽查。

3.承包人方面的质量管理

承包人主要是通过建立健全质量保证体系，加强工序质量管理，严格实行"三检制"（初检、复检、终检），避免返工，提高生产效率等方式来进行质量管理的。其特点是内部的、自身的、连续的控制。

二、水利工程项目质量的特点

建筑产品位置固定、受自然条件影响大等特点，决定了水利工程项目质量具有以下特点：

（一）影响因素多

影响工程质量的因素是多方面的，如人的因素、机械因素、材料因素、方法因素、环境因素等均直接或间接地影响着工程质量。尤其是水利工程项目主体工程的建设，一般由多家承包单位共同完成，故其质量形式较为复杂，影响因素多。

（二）质量波动大

工程建设周期长，在建设过程中易受到系统因素及偶然因素的影响，使产品质量产生波动。

（三）质量具有隐蔽性

在工程项目实施过程中，工序交接多，中间产品多，隐蔽工程多，取样数量受到各种因素、条件的限制，使产生错误判断的概率增大。

（四）终检局限性大

由于建筑产品自身位置固定等特点，质量检验时不能解体、拆卸，所以在工程项目终检验收时往往难以发现工程内在的、隐蔽的质量缺陷。

此外，工程质量、进度和投资目标三者之间是既对立又统一的关系，工程质量往往受到投资目标、进度的制约。因此，应针对工程质量的特点，严格控制质量，并将质量管理贯穿于项目建设的全过程。

三、水利工程项目质量管理的原则

在水利工程项目建设过程中，对其质量进行管理应遵循以下几项原则：

（一）质量第一原则

"百年大计，质量第一"，工程建设与国民经济的发展和人民生活的改善息息相关。质量的好坏，直接关系到国家繁荣富强，关系到人民生命财产的安全，关系到子孙幸福，所以必须遵循质量第一的原则。

任何产品都必须达到所要求的质量水平，否则就没有或未实现其使用价值，从而给消费者、给社会带来损失。从这个意义上讲，质量必须是第一位的。贯彻质量第一原则就要求企业全员，尤其是领导层，要有强烈的质量意识；要求企业在确定质量目标时，首先应根据用户或市场的需求，科学地确定质量目标，并安排人力、物力、财力予以保证。当质量与数量、社会效益与企业效益、长远利益与眼前利益发生矛盾时，应把质量、社会效益和长远利益放在首位。

质量第一原则要求必须弄清并且正确处理质量和数量、质量和进度之间的关系。

不符合质量要求的工程，数量和进度都将失去意义，也没有任何使用价值，还会使国家和人民遭受损失，因此好中求多、好中求快、好中求省，才符合水利工程项目质量管理的要求。

当然，"质量第一"并非"质量至上"。质量不能脱离当前的市场水准，也不能不问成本一味地讲求质量。应该重视质量成本的分析，把质量与成本加以统一，确定最适合的质量。

（二）预防为主原则

在生产过程中，检验是重要的，它可以起到不允许不合格品出厂的把关作用，同时还可以将检验信息反馈到有关部门。对于工程项目的质量，长期以来采取事后检验的方法，认为严格检查，就能保证质量，实际上这是远远不够的。影响产品质量好坏的真正原因并不在检验，而主要在于设计和制造。应该从消极防守的事后检验变为积极预防的事先管理。因为好的建筑产品是通过好的设计、好的施工所产生的，不是检查出来的。必须在项目管理的全过程中，事先采取各种措施，消灭种种不符合质量要求的因素，以保证建筑产品质量。如果影响质量的各因素（人、机、料、法、环）预先得到保证，工程项目的质量就有了可靠的前提条件。

在水利工程项目质量管理工作中，要认真贯彻预防为主原则，凡事要防患于未然。在产品制造阶段应该采用科学方法对生产过程进行控制，尽量把不合格产品消灭在发生之前。在产品的检验阶段，不论是对最终产品或是在制品，都要把质量信息及时反馈并认真处理。

（三）为用户服务原则

在水利工程项目质量管理中，这是一个十分重要的指导思想。建设水利工程项目，是为了满足用户的要求，尤其要满足用户对质量的要求。"用户至上"就是要树立以用户为中心，为用户服务的思想，要使产品质量和服务质量尽可能满足用户的要求。产品质量的好坏最终应以用户的满意程度为标准。这里所谓"用户"是广义的，不仅指产品出厂后的直接用户，而且指在企业内部，下道工序是上道工序的用户。如混凝土工程，模板工程的质量直接影响混凝土浇筑这一下道关键工序的质量。每道工序的质量不仅影响下道工序质量，也会影响整个工程的进度和费用。

进行水利工程项目质量管理，就是要把为用户服务的原则，作为工程项目管理的出发点，贯穿到各项工作中去。同时，在项目内部，各个部门、各种人员都有前、后的工作顺序，一定要保证自己这道工序的质量，凡达不到质量要求的不能交给下道工序，一定要使"下道工序"这个用户感到满意。

（四）用数据说话原则

水利工程项目质量管理必须建立在有效的数据基础之上，必须依靠能够确切反映客观实际的数字和资料，否则就谈不上科学的管理。一切用数据说话，就需要用数理统计方法，对工程实体或工作对象进行科学的分析和整理，从而研究工程质量的波动情况，寻求影响工程质量的主次原因，采取改进质量的有效措施，掌握保证和提高工程质量的客观规律。

在很多情况下，我们评定工程质量，虽然也按规范标准进行检测计量，也有一些数据，但是这些数据往往不完整、不系统，没有按数理统计要求积累数据，抽样选点，所以难以汇总分析，有时只能统计加估计，抓不住质量问题，既不能完全表达工程的内在质量状态，也不能有针对性地进行质量教育，提高企业素质。所以，必须遵循用数据说话的原则，从积累的大量数据中，找出控制质量的规律性，以保证工程项目的优质建设。

用数据说话原则要求在水利工程项目质量管理工作中具有科学的工作作风，在研究问题时不能满足于一知半解和表面，对问题不仅有定性分析还应尽量有定量分析，做到心中有"数"，这样可以避免主观盲目性。

进行水利工程项目质量管理，就必须广泛地采用各种统计工具和方法。目前，人们用得最多的工具有七种，即因果图、排列图、直方图、相关图、控制图、分层法和调查表。常用的数理统计方法有回归分析、方差分析、多元分析、实验分析、时间序列分析等。

（五）突出"人"的积极因素原则

从某种意义上讲，在开展水利工程项目质量管理活动过程中，人的因素是最积极、最重要的因素。水利工程项目质量管理强调调动人的积极因素的重要性。这是因为现代化生产多为大规模系统，环节众多，联系密切复杂，远非单纯靠质量检验或统计方法就能奏效的。必须调动人的积极因素，加强质量意识，发挥人的主观能动性，以确保产品和服务的质量。水利工程项目质量管理的特点之一就是全体人员参加的管理，做到"质量第一，人人有责"。

要提高质量意识，调动人的积极因素，一靠教育，二靠规范，需要通过教育培训和考核，同时还要依靠有关质量的立法及必要的行政手段等各种激励及处罚措施。

四、水利工程项目质量管理的任务

水利工程项目质量管理的任务就是根据国家现行的有关法规、技术标准和工程合同规定的工程建设各阶段质量目标实施全过程的监督管理。由于水利工程建设各阶段的质量目标不同，因此需要分别确定各阶段的质量管理任务。

（一）水利工程项目决策阶段质量管理的任务

①审核可行性研究报告是否符合国民经济发展的长远规划、国家经济建设的方针政策。

②审核可行性研究报告是否符合工程项目建议书或业主的要求。

③审核可行性研究报告是否具有可靠的基础资料和数据。

④审核可行性研究报告是否符合技术经济方面的规范标准和定额等指标。

⑤审核可行性研究报告的内容、深度和计算指标是否达到标准要求。

（二）水利工程项目设计阶段质量管理的任务

①审查设计基础资料的正确性和完整性。

②编制设计招标文件，组织设计方案竞赛。

③审查设计方案的先进性和合理性，确定最佳设计方案。

④督促设计单位完善质量保证体系，建立内部专业交底及专业会签制度。

⑤进行设计质量跟踪检查，控制设计图纸的质量。在初步设计和技术设计阶段，主要检查生产工艺及设备的选型、总平面布置、建筑与设施的布置、采用的设计标准和主要技术参数；在施工图设计阶段，主要检查计算是否有错误，选用的材料和做法是否合理，标注的各部分设计标高和尺寸是否有错误，各专业设计之间是否有矛盾等。

（三）水利工程项目施工阶段质量管理的任务

施工阶段质量管理是工程项目全过程质量管理的关键环节。根据工程质量形成的时间，施工阶段的质量管理又可分为质量的事前管理、事中管理和事后管理，其中事前管理为重点管理。

1.事前管理

①审查承包商及分包商的技术资质。

②协助承包商完善质量体系，包括完善计量及质量检测技术和手段等，同时对承包商的实验室资质进行考核。

③督促承包商完善现场质量管理制度，包括现场会议制度、现场质量检验制度、质量统计报表制度和质量事故报告及处理制度等。

④与当地质量监督站联系，争取其配合、支持和帮助。

⑤组织设计交底和图纸会审，对某些工程部位应下达质量要求标准。

⑥审查承包商提交的施工组织设计，保证工程质量具有可靠的技术措施。审核工程中采用的新材料、新结构、新工艺、新技术的技术鉴定书；对工程质量有重大影响的施工机械，应审核其技术性能报告。

⑦对工程所需原材料、构配件的质量进行检查与控制。

⑧对永久性生产设备或装置，应按审批同意的设计图纸组织采购或订货，到场后进行检查验收。

⑨对施工场地进行检查验收。检查施工场地的测量标桩、建筑物的定位放线及高程水准点，重要工程还应复核，落实现场障碍物的清理、拆除等。

⑩把好开工关。对现场各项准备工作检查合格后，方可发开工令；停工的工程，未发复工令者不得复工。

2.事中管理

①督促承包商完善工序控制措施。工程质量是在工序中产生的，工序控制对工程质量起着决定性的作用。应把影响工序质量的因素都纳入控制状态中，建立质量管理点，及时检查和审核承包商提交的质量统计分析资料和质量管理图表。

②严格工序交接检查。主要作业包括隐蔽作业，须按有关验收规定经检查验收后，方可进行下一工序的施工。

③重要的工程部位或专业工程（如混凝土工程）要做试验或技术复核。

④审查质量事故处理方案，并对处理效果进行检查。

⑤对完成的分项分部工程，按相应的质量评定标准和办法进行检查验收。

⑥审核设计变更和图纸修改。

⑦按合同行使质量监督权和质量否决权。

⑧组织定期或不定期的质量现场会议，及时分析、通报工程质量状况。

3.事后管理

①审核承包商提供的质量检验报告及有关技术性文件。

②审核承包商提交的竣工图。

③组织联动试车。

④按规定的质量评定标准和办法，进行检查验收。

⑤组织项目竣工总验收。

⑥整理有关工程项目质量的技术文件，并编目、建档。

（四）水利工程项目保修阶段质量管理的任务

①审核承包商的工程保修书。

②检查、鉴定工程质量状况和工程使用情况。

③对出现的质量缺陷，确定责任者。

④督促承包商修复缺陷。

⑤在保修期结束后，检查工程保修状况，移交保修资料。

五、水利工程项目质量影响因素的管理

在水利工程项目建设的各个阶段，对水利工程项目质量影响的主要因素就是"人、机、料、法、环"等五大方面。为此，应对这五个方面的因素进行严格的管理，以确保水利工程项目建设的质量。

（一）对"人"的因素的管理

人是工程质量的管理者，也是工程质量的"制造者"。工程质量的好与坏，与"人"的因素是密不可分的。对"人"的因素的管理，即调动人的积极性、避免人的失误等。

1.领导者的素质

领导者是具有决策权力的人，其整体素质是提高工作质量的关键，因此在对承包商进行资质认证和选择时一定要考核领导者的素质。

2.人的理论和技术水平

人的理论水平和技术水平是人的综合素质的表现，它直接影响工程项目质量，尤其是技术复杂、操作难度大、要求精度高、应用新工艺的工程对人员素质要求更高。因此，应重视人的理论和技术水平，否则工程质量就很难保证。

3.人的生理缺陷

根据工程施工的特点和环境，在管理中应考虑人的生理缺陷，如患有高血压、心脏病的人，不能从事高空作业和水下作业；反应迟钝、应变能力差的人，不能操作快速运行、动作复杂的机械设备等。否则，将影响工程质量，引发安全事故。

4.人的心理

人的心理因素如疑虑、畏惧、抑郁等很容易使人产生愤怒、怨恨等情绪，使人的注意力转移，由此引发质量、安全事故。所以，在审核企业的资质水平时，要注意企业职工的凝聚力如何，职工的情绪如何，这也是选择企业的一条标准。

5.人的错误行为

人的错误行为是指人在工作中吸烟、打盹、错视、错听、误判断、误动作等，这些都会影响工程质量或造成质量事故。所以，在有危险的工作场所，应严格禁止吸烟、嬉戏等。

（二）对材料的质量管理

1.材料质量管理的要点

①掌握材料信息，优先选有信誉的厂家供货。对于主要材料，必须经监理工程师论证同意后，才可订货。

②合理组织材料供应。应协助承包商合理地组织材料采购、加工、运输、储备；尽量加快材料周转，按质、按量、如期满足工程建设需要。

③合理地使用材料，减少材料损失。

④加强材料检查验收。用于工程上的主要建筑材料，进场时必须具备正式的出厂合格证和材质化验单；否则，应做补检。工程中所有各种构配件，必须具有厂家批号和出厂合格证。

凡是标志不清或质量有问题的材料，对质量保证资料有怀疑或与合同规定不相符的一般材料，应进行一定比例的材料试验，并需要追踪检验。对于进口的材料和设备及重要工程或关键施工部位所用材料，则应进行全部检验。

⑤重视材料的使用认证，以防错用或使用不当。

2.材料质量管理的内容

（1）材料质量的标准

材料质量的标准是用以衡量材料质量的尺度，并作为验收、检验材料质量的依据。具体的材料标准指标可参见相关材料手册。

（2）材料质量的检验

材料质量的检验目的是通过一系列的检测手段，将取得的材料数据与材料的质量标准相比较，用以判断材料质量的可靠性。

①材料质量的检验方法。检验方法有书面检验、外观检验、理化检验、无损检验四种。书面检验是通过对提供的材料质量保证资料、试验报告等进行审核，取得认可方能使用。外观检验是对材料从品种、标志、外形尺寸等进行直观检查，看有无质量问题。理化检验是借助试验设备和仪器对材料样品的化学成分、机械性能等进行科学的鉴定。无损检验是在不破坏材料样品的前提下，利用超声波、X射线、表面探伤仪等进行检测。

②材料质量检验程度。检验程度分为免检、抽检和全检三种。免检就是免去质量检验工序。对有足够质量保证的一般材料，以及实践证明质量长期稳定而且质量保证资料齐全的材料，可予以免检。抽检是按随机抽样的方法对材料抽样检验。如对材料的性能不清楚，对质量保证资料有怀疑，或成批生产的构配件，均应按一定比例进行抽样检验。全检，即对进口的材料、设备和重要工程部位的材料，以及贵重的材料，进行全部检验，以确保材料和工程质量。

③材料质量检验项目。可分为一般检验项目和其他检验项目。

④材料质量检验的取样。材料质量检验的取样必须具有代表性，也就是所取样品的质量应能代表该批材料的质量。在采取试样时，必须按规定的部位、数量及采选的操作要求进行。

⑤材料抽样检验的判断。抽样检验是对一批产品（个数为 M）根据一次抽取 N 个样品进行检验，用其结果来判断该批产品是否合格。

（3）材料的选择和使用要求

材料的选择不当和使用不正确，会严重影响工程质量或造成工程质量事故。因此，在施工过程中，必须针对工程项目的特点和环境要求及材料的性能、质量标准、适用范围等多方面综合考察，慎重选择和使用材料。

（三）对方法的管理

对方法的管理主要是指对施工方案的管理，也包括对整个工程项目建设期内所采用的技术方案、工艺流程、组织措施、检测手段、施工组织设计等的管理。对一个水利工程项目而言，施工方案恰当与否，直接关系到工程项目质量，关系到工程项目的成败，所以应重视对方法的管理。这里说的方法管理，在工程施工的不同阶段，其侧重点也不相同，但都应围绕确保工程项目质量这个纲领。

（四）对施工机械设备的管理

施工机械设备是水利工程建设不可缺少的设施，目前，水利工程建设的施工进度和施工质量都与施工机械关系密切。因此，在施工阶段，必须对施工机械的选型和使用等方面进行控制。

1.机械设备的选型

机械设备的选型，应因地制宜，按照技术先进、经济合理、生产适用、性能可靠、使用安全、操作和维修方便等原则来进行。

机械设备的性能参数是选择机械设备的主要依据，为满足施工的需要，在参数选择上可适当留有余地，但不能选择超出需要很多的机械设备，否则容易造成经济上的不合理。机械设备的性能参数很多，要综合各参数，确定合适的施工机械设备。在这方面，要结合机械施工方案，择优选定机械设备，严格把关，不符合需要和有安全隐患的机械不准进场。

2.机械设备的使用

合理使用机械设备，正确地进行操作，是保证工程项目施工质量的重要环节，应贯彻"人机固定"的原则，实行定机、定人、定岗位的制度。操作人员必须认真执行各项规章制度，严格遵守操作规程，防止出现安全质量事故。

（五）对环境因素的管理

影响工程项目质量的环境因素很多，有工程技术环境、劳动环境等。环境因素对工程质量的影响复杂且多变。因此，应根据工程特点和具体条件，对影响工程质量的环境因素严格控制。

第二节　全面质量管理

全面质量管理（total quality management, TQM）是企业管理的中心环节，是企业管理的纲，它和企业的经营目标是一致的。这就要求将企业的生产经营管理和质量管理有机地结合起来。

一、全面质量管理的基本概念

全面质量管理是以组织全员参与为基础的质量管理模式，它代表了质量管理的最新阶段，最早起源于美国。菲根堡姆（Armand Feigenbaum）指出，全面质量管理是为了能够在最经济的水平上，并在充分考虑到满足用户要求的条件下进行市场研究、设计、生产和服务，把企业内各部门研制质量、维持质量和提高质量的活动构成一体的一种有效体系。他的理论经过世界各国的继承和发展，得到了进一步的扩展和深化。

目前，人们比较认同的全面质量管理的定义为：一个组织以质量为中心，以全员参与为基础，目的在于通过让顾客满意和本组织所有成员及社会受益而达到长期成功的管理途径。

二、全面质量管理的基本要求

（一）全过程的管理

任何一个工程或产品的质量，都有一个实现的过程；整个过程是由多个相互影响的环节所组成的，每一环节都或重或轻地影响着最终的质量状况。因此，要搞好水利工程质量管理，必须把形成质量的全过程和有关因素控制起来，形成一个综合的管理体系，做到以防为主，防检结合，重在提高。

（二）全员的质量管理

工程或产品的质量是企业各方面、各部门、各环节工作质量的反映。在水利工程中，每一环节、每一个人的工作质量都会不同程度地影响着工程或产品的最终质量，工程质量人人有责，只有人人都关心工程的质量，做好本职工作，才能生产出好质量的工程。

（三）全企业的质量管理

全企业的质量管理一方面要求企业各管理层次都要有明确的质量管理内容，各层次的侧重点要突出，每个部门应有自己的质量计划、质量目标和对策，层层控制；另一方面就是要把分散在各部门的质量职能发挥出来。如水利工程中的"三检制"，就充分反映了这一观点。

（四）多方法的管理

影响水利工程质量的因素越来越复杂，既有物质因素，又有人为因素；既有技术因素，又有管理因素；既有企业内部因素，又有企业外部因素。要搞好水利工程质量，就必须把这些影响因素控制起来，分析它们对工程质量的不同影响，灵活运用各种现代化管理方法来解决工程质量问题。

三、全面质量管理的工作原则

（一）经济原则

全面质量管理强调质量，但无论质量保证的水平还是预防不合格的深度都是没有止境的，必须考虑经济性，建立合理的经济界限，这就是所谓经济原则。因此，在产品设计制定质量标准时，在生产过程中进行质量管理时，在选择质量检验方式为抽样检验或全数检验时，都必须考虑其经济效益。

（二）协作原则

协作是大生产的必然要求。生产和管理分工越细，就越要求协作。一个具体单位的质量问题往往涉及许多部门，如无良好的协作是很难解决的。因此，强调协作是全面质量管理的一条重要原则，也反映了系统科学全局观点的要求。

四、全面质量管理的运转方式

PDCA 是 plan（计划）、do（执行）、check（检查）和 act（处理）的首字母缩写。PDCA 循环是质量体系活动所应遵循的科学工作程序，周而复始，内外嵌套，循环不已，以求质量不断提高。质量保证体系运转方式是按照 PDCA 循环进行的。它包括四个阶段和八个工作步骤。

（一）四个阶段

1.计划阶段
按使用者要求，根据具体生产技术条件，找出生产中存在的问题及其原因，拟订生产对策和措施计划。

2.执行阶段
按预定对策和生产措施计划组织实施。

3.检查阶段
对生产成品进行必要的检查和测试，即把执行的工作结果与预定目标对比，检查执行过程中出现的情况和问题。

4.处理阶段
把经过检查发现的各种问题及用户意见进行处理。凡符合计划要求的予以肯定，成文标准化，对不符合设计要求和不能解决的问题，转入下一循环以进一步研究解决。

（二）八个步骤

①分析现状，找出问题，不能凭印象和表面做判断，结论要用数据表示。

②分析各种影响因素，要把可能因素一一加以分析。

③找出主要影响因素。要努力找出主要影响因素进行解剖，才能改进工作，提高产品质量。

④研究对策，针对主要因素拟订措施，制订计划，确定目标。

以上属 P 阶段工作内容。

⑤执行措施为 D 阶段的工作内容。

⑥检查工作成果，对执行情况进行检查，找出经验教训，为 C 阶段的工作内容。

⑦巩固措施，制定标准，把成熟的措施定成标准（规程、细则），形成制度。这是 A 阶段的工作内容。

⑧遗留问题转入下一个循环。

需要注意的是：

①四个阶段缺一不可，先后次序不能颠倒。就好像一只转动的车轮，在解决质量问题中滚动前进逐步使产品质量提高。

②在企业的内部，PDCA 循环各级都有，整个企业是一个大循环，企业各部门又有自己的循环。大循环是小循环的依据，小循环又是大循环的具体和逐级贯彻落实的体现。

③PDCA 循环不是在原地转动，而是在转动中前进，每个循环结束，质量便提高一步。这也就是说，每一个 PDCA 循环都不是在原地周而复始地转动，而是像爬楼梯那样，每转一个循环都有新的目标和内容。因而就意味着前进了一步，从原有水平上升到了新的水平，每经过一次循环，也就解决了一批问题，质量水平就有新的提高。

第三节　施工阶段的质量管理

本节主要针对施工阶段的质量管理进行论述。

一、质量管理的依据

施工阶段质量管理的依据，大体上可分为两类，即共同性依据及专门技术法规性依据。

共同性依据是指那些适用于工程项目施工阶段与质量管理有关的，具有普遍指导意义和必须遵守的基本文件。主要有工程承包合同文件，设计文件，国家和行业现行的有关质量管理方面的法律、法规文件。

工程承包合同中分别规定了参与施工建设的各方在质量管理方面的权利和义务，并据此对工程质量进行监督和控制。

有关质量检验与控制的专门技术法规性依据是指针对不同行业、不同的质量管理对象而制定的技术法规性的文件，主要包括：

①已批准的施工组织设计。它是承包单位进行施工准备和指导现场施工的规划性、指导性文件，详细规定了工程施工的现场布置、人员设备的配置、作业要求、施工工序和工艺、技术保证措施、质量检查方法和技术标准等，是进行质量管理的重要依据。

②合同中引用的国家和行业的现行施工操作技术规范、施工工艺规程及验收规范。这些是维护正常施工的准则，与工程质量密切相关，必须严格遵守执行。

③合同中引用的有关原材料、半成品、配件方面的质量依据。如水泥、钢材、骨料等有关产品技术标准；水泥、骨料、钢材等有关检验、取样、方法的

技术标准；有关材料验收、包装、标志的技术标准。

④制造厂提供的设备安装说明书和有关技术标准。这是施工安装承包人员进行设备安装必须遵循的重要技术文件，也是进行检查和控制质量的依据。

二、质量管理的方法

施工过程中的质量管理方法主要有：旁站检查、测量、试验等。

（一）旁站检查

旁站检查是指有关管理人员对重要工序（质量管理点）的施工所进行的现场监督和检查，以避免质量事故的发生。旁站检查也是驻地监理人员的一种主要现场检查形式。根据工程施工难度及复杂性，可采用全过程旁站检查、部分时间旁站检查两种方式。对容易产生缺陷的部位，或产生了缺陷难以补救的部位，以及隐蔽工程，应加强旁站检查。

在旁站检查中，必须检查承包人在施工中所用的设备、材料及混合料是否符合已批准的文件要求，检查施工方案、施工工艺是否符合相应的技术规范。

（二）测量

测量是对建筑物的尺寸控制的重要手段。应对施工放样及高程控制进行核查，不合格者不准开工。对模板工程及已完工程的几何尺寸、高程、宽度、厚度、坡度等质量指标，按规定要求进行测量验收，不符合规定要求的需进行返工。测量记录，均要事先经工程师审核签字后方可使用。

（三）试验

试验是工程师确定各种材料和建筑物内在质量是否合格的重要方法。所有工程使用的材料，都必须事先经过材料试验，质量必须满足产品标准，并经工程师检查批准后，方可使用。材料试验包括水源、粗骨料、沥青、土工织物等各种原材料检验、不同等级混凝土的配合比试验、外购材料及成品质量证明和必要的试验鉴定、仪器设备的校调试验、加工后的成品强度及耐用性检验、工程检查等。没有试验数据的工程不予验收。

三、工序质量监控

（一）工序质量监控的内容

工序质量监控主要包括对工序活动条件的监控和对工序活动效果的监控。

1.工序活动条件的监控

所谓工序活动条件监控，就是指对影响工程生产因素进行的控制。工序活动条件的监控是工序质量管理的手段。尽管在开工前对生产活动条件已进行了初步控制，但在工序活动中有的条件还会发生变化，使工程或产品的基本性能达不到检验指标，这正是生产过程产生质量不稳定的重要原因。因此，只有对工序活动条件进行控制，才能达到对工程或产品的质量性能指标的控制。工序活动条件包括的因素较多，要通过分析，分清影响工序质量的主要因素，抓住主要矛盾，予以调节，以达到质量管理的目的。

2.工序活动效果的监控

工序活动效果的监控主要反映在对工序产品质量性能的特征指标的控制上。通过对工序活动的产品采取一定的检测手段进行检验，根据检验结果分析、判断该工序活动的质量效果，从而实现对工序质量的控制。其步骤如下：首先是工序活动前的控制，主要要求人、材料、机械、方法或工艺、环境能满足要求；其次，采用必要的手段和工具，对抽出的工序子样进行质量检验；最后，应用质量统计分析工具（如直方图、控制图、排列图等）对检验所得的数据进行分析，找出这些质量数据所遵循的规律，根据质量数据分布规律的结果，判断质量是否正常，若出现异常情况，就需要寻找原因，找出影响工序质量的因素，尤其是那些主要因素，采取措施进行调整，再重复前面的步骤，检查调整效果，直到满足要求。这样便可达到控制工序质量的目的。

（二）工序质量监控实施要点

对工序活动质量监控，首先应确定质量管理计划，它是以完善的质量监控体系和质量检查制度为基础的。一方面，工序质量管理计划要明确规定质量监控的工作程序、流程和质量检查制度；另一方面，需进行工序分析，在影响工序质量的因素中，找出对工序质量产生影响的重要因素，进行主动的、预防性的重点控制。例如，在振捣混凝土这一工序中，振捣的插点和振捣时间是影响质量的主要因素，为此，应加强现场监督并要求施工单位严格予以控制。同时，在整个施工活动中，应采取连续的动态跟踪控制，通过对工序产品的抽样检验，判定其产品质量波动状态，若工序活动处于异常状态，则应查出影响质量的原因，采取措施排除系统性因素的干扰，使工序活动恢复到正常状态，从而保证工序活动及其产品质量。此外，为确保工程质量，应在工序活动过程中设置质量管理点，进行预控。

（三）质量管理点的设置

质量管理点的设置是进行工序质量预防控制的有效措施。质量管理点是指为保证工程质量而必须管理的重点工序、关键部位、薄弱环节。应在施工前，全面、合理地选择质量管理点，并对设置质量管理点的情况及拟采取的管理措施进行审核。必要时，应对质量管理实施过程进行跟踪检查或旁站监督，以确保质量管理点的施工质量。

设置质量管理点的对象，主要有以下几方面：

①关键的分项工程。如大体积混凝土工程、土石坝工程的坝体填筑、隧洞

开挖工程等。

②关键的工程部位。如土基上水闸的地基基础、预制框架结构的梁板节点、关键设备的设备基础等。

③薄弱环节，指经常发生或容易发生质量问题的环节；或承包人无法把握的环节；或采用新工艺（材料）施工的环节等。

④关键工序。如钢筋混凝土工程的混凝土振捣，灌注桩钻孔，隧洞开挖的钻孔布置、方向、深度、用药量和填塞等。

⑤关键工序的关键质量特性。如混凝土的强度、耐久性，土石坝的干容重、黏性土的含水量等。

⑥关键质量特性的关键因素。如冬季混凝土强度的关键因素是环境（养护温度），支模的关键因素是支撑方法，泵送混凝土输送质量的关键因素是机械，墙体垂直度的关键因素是人等。

控制点的设置应准确有效，因此究竟选择哪些作为控制点，需要由有经验的质量管理人员进行选择，一般可根据工程性质和特点来确定。

（四）见证点与停止点

在工程项目实施控制中，通常是由承包人在分项工程施工前制订施工计划时，就选定设置质量管理点，并在相应的质量计划中进一步明确哪些是见证点，哪些是停止点。所谓"见证点"和"停止点"，是国际上对于重要程度不同及监督控制要求不同的质量管理对象的一种区分方式。见证点监督也称为 W 点监督。凡是被列为见证点的质量管理对象，在施工前，施工单位应提前 24 h 通知监理人员在约定的时间内到现场进行见证并实施监督。如果监理人员未按约定到场，则施工单位有权对该点进行相应的操作。停止点也称为待检查点或 H 点，它的重要性高于见证点，是针对那些由于施工过程或工序施工质量不易或不能通过其后的检验和试验而充分得到论证的"特殊过程"或"特殊工序"而言的。凡被列入停止点的质量管理点，要求必须在该点施工之前 24 h 通知监理人员到场实验监控，如果监理人员未能在约定时间内到达现场，则施工单位应停止该点的施工，并按合同规定等待监理方，未经认可不能超过该点继续施工，如水闸闸墩混凝土结构在钢筋架立后，混凝土浇筑之前，可设置停止点。

在施工过程中，应加强旁站和现场巡查的监督检查；严格实施隐蔽式工程工序间交接检查验收、工程施工预检等检查监督；严格执行对成品保护的质量检查。只有这样才能及早发现问题，及时纠正，防患于未然，确保工程质量，避免导致工程质量事故。

为了对施工期间的各分部、分项工程的各工序质量实施严密、细致和有效的监督、控制，还应认真地填写跟踪档案，即施工和安装记录。

第四节　水利工程质量统计与分析

一、质量数据

利用质量数据和统计分析方法进行项目质量管理，是控制工程质量的重要手段。通常通过收集和整理质量数据，进行统计分析比较，找出生产过程的质量规律，判断工程产品质量状况，发现存在的质量问题，找出引起质量问题的原因，并及时采取措施，预防和纠正质量事故，使工程质量始终处于受控状态。

质量数据是用以描述工程质量特征性能的数据。它是进行质量管理的基础，没有质量数据，就不可能有现代化的科学的质量管理。

（一）质量数据的类型

质量数据按其自身特征，可分为计量值数据和计数值数据；按其收集目的可分为控制性数据和验收性数据。

1.计量值数据

计量值数据是可以连续取值的连续型数据。如长度、重量、面积、标高等质量特征，一般都是可以用量测工具或仪器等量测，一般都带有小数。

2.计数值数据

计数值数据是不连续的离散型数据。如不合格品数、不合格的构件数等，这些反映质量状况的数据是不能用量测器具来度量的，采用计数的办法，只能出现0、1、2等非负数的整数。

3.控制性数据

控制性数据一般是以工序作为研究对象，是为分析、预测施工过程是否处于稳定状态，而定期随机地抽样检验获得的质量数据。

4.验收性数据

验收性数据是以工程的最终实体内容为研究对象，以分析、判断其质量是否达到技术标准或用户的要求，采取随机抽样检验而获取的质量数据。

（二）质量数据的波动及其原因

在工程施工过程中常可看到在相同的设备、原材料、工艺及操作人员条件下，生产的同一种产品的质量不同，反映在质量数据上，即具有波动性，其影响因素有偶然性因素和系统性因素两大类。偶然性因素引起的质量数据波动属于正常波动，偶然性因素是无法或难以控制的因素，所造成的质量数据的波动量不大，没有倾向性，作用是随机的，工程质量只有偶然性因素影响时，生产才处于稳定状态。由系统性因素造成的质量数据波动属于异常波动，系统性因素是可控制、易消除的因素，这类因素不经常发生，但具有明显的倾向性，对工程质量的影响较大。

质量管理的目的就是要找出出现异常波动的原因，即系统性因素是什么，并加以排除，使质量只受偶然性因素的影响。

（三）质量数据的收集

质量数据的收集总的要求应当是随机抽样，即整批数据中每一个数据都有被抽到的同样机会。常用的方法有随机法、系统抽样法、二次抽样法和分层抽样法。

（四）样本数据特征

为了进行统计分析和运用特征数据对质量进行控制，经常要使用许多统计特征数据。

统计特征数据主要有均值、中位数、极值、极差、标准偏差、变异系数，其中均值、中位数表示数据集中的位置；极差、标准偏差、变异系数表示数据的波动情况，即分散程度。

二、质量管理的统计方法

通过对质量数据的收集、整理和统计分析，找出质量的变化规律和存在的质量问题，提出进一步的改进措施，这种运用数学工具进行质量管理的方法是所有质量管理的人员所必须掌握的，它可以使质量管理工作定量化和规范化。下面介绍几种在质量管理中常用的数学工具及方法。

（一）直方图法

直方图又称频率分布直方图。直方图法就是将产品质量频率的分布状态用直方图形来表示，根据直方图形的分布形状和与公差界限的距离来观察、探索质量分布规律，分析和判断整个生产过程是否正常。

利用直方图可以制定质量标准，确定公差范围，可以判明质量分布情况是否符合标准的要求。

直方图的分析直方图有以下几种分布形式：

①锯齿形。出现原因一般是分组不当或组距确定不当。

②正常形。出现这种形式说明生产过程正常，质量稳定。

③绝壁形。出现原因一般是剔除了下限以下的数据。

④孤岛形。出现原因一般是材质发生变化或他人临时替班。

⑤双峰形。出现原因是把两种不同的设备或工艺的数据混在一起。

⑥平顶形。出现原因是生产过程中有缓慢变化的因素起主导作用。

运用直方图法时，注意事项包括以下几点：

①直方图属于静态的，不能反映质量的动态变化。

②画直方图时，数据不能太少，一般应大于 50 个数据，否则画出的直方图难以正确反映总体的分布状态。

③直方图出现异常时，应注意将收集的数据分层，然后画直方图。

④直方图呈正态分布时，可求平均值和标准差。

（二）排列图法

排列图法又称巴雷特图法、主次排列图法，是分析影响质量主要因素的有效方法。将众多的因素进行排列，主要因素就一目了然。

排列图法是由一个横坐标、两个纵坐标、几个长方形和一条曲线组成的。左侧的纵坐标是频数或件数，右侧的纵坐标是累计频率，横轴则是项目或因素，按项目频数大小顺序在横轴上自左至右画长方形，其高度为频数，再根据右侧的纵坐标，画出累计频率曲线，该曲线也称巴雷特曲线。

（三）因果分析图法

因果分析图也叫鱼刺图、树枝图，这是一种逐步深入研究和讨论质量问题的图示方法。

在水利工程建设过程中，任何一种质量问题的产生，一般都是多种原因造成的，这些原因有大有小，把这些原因按照大小顺序分别用主干、大枝、中枝、小枝来表示，就可一目了然地找出导致质量问题的原因，并以此为据，制定相应对策。

（四）管理图法

管理图也称控制图，它是反映生产过程随时间变化而变化的质量动态，即反映生产过程中各个阶段质量波动状态的图形。管理图利用上下控制界限，将产品质量特性控制在正常波动范围内，一旦有异常反应，通过管理图就可以发现，并及时处理。

（五）相关图法

产品质量与影响质量的因素之间，常有一定的相互关系，但不一定是严格的函数关系，这种关系称为相关关系，可利用直角坐标系将两个变量之间的关系表达出来。相关图的形式有正相关、负相关、非线性相关等。

此外还有调查表法、分层法等。

第五节　水利工程质量事故的处理

水利工程建设项目不同于一般的工业生产活动，其项目实施的一次性，生产组织的流动性、综合性，劳动的密集性，协作关系的复杂性和环境的影响，均使其质量事故具有复杂性、严重性、可变性及多发性的特点。因此，必须加强组织措施、经济措施和管理措施，严防事故发生，对发生的事故应调查清楚，按有关规定进行处理。需要指出的是，不少事故开始时经常只被认为是一般的质量缺陷，容易被忽视。随着时间的推移，待认识到这些质量缺陷问题的严重性时，则往往处理困难，或难以补救，或导致建筑物失事。因此，除了明显的不会有严重后果的缺陷，对其他的质量问题，均应分析，进行必要的处理，并作出处理意见。

一、水利工程质量事故与分类

凡水利工程在建设中或完工后，由于设计、施工、监理、材料、设备、工程管理和咨询等方面造成工程质量不符合规程、规范和合同要求的质量标准，影响工程的使用寿命或正常运行，一般需做补救措施或返工处理的，统称为工程质量事故。日常所说的事故大多指施工质量事故。

在水利工程中，按对工程的耐久性和对正常使用的影响程度，检查和处理质量事故对工期影响时间的长短及直接经济损失的大小，将质量事故分为一般质量事故、较大质量事故、重大质量事故和特大质量事故。

①一般质量事故是指对工程造成一定经济损失，经处理后不影响正常使用，不影响工程使用寿命的事故。小于一般质量事故的统称为质量缺陷。

②较大质量事故是指对工程造成较大经济损失或延误较短工期，经处理后不影响正常使用，但对工程使用寿命有较大影响的事故。

③重大质量事故是指对工程造成重大经济损失或延误较长工期，经处理后不影响正常使用，但对工程使用寿命有较大影响的事故。

④特大质量事故是指对工程造成特大经济损失或长时间延误工期，经处理后仍对工程正常使用和使用寿命有较大影响的事故。

如《水利工程质量事故处理暂行规定》规定：在一般质量事故中，大体积混凝土、金属结构制作和机电安装工程的事故处理所需的物质、器材和设备、人工等直接损失费用大于 20 万元且小于等于 100 万元，事故处理的工期在一个月内，且不影响工程的正常使用与寿命。

二、水利工程质量事故发生的原因

水利工程质量事故发生的原因很多，最基本的还是人、机械、材料、工艺和环境几方面。一般可分直接原因和间接原因两类。

直接原因主要有人的行为不规范和材料、机械的不符合规定状态。如设计人员不按规范设计、监理人员不按规范进行监理、施工人员违反规程操作等，属于人的行为不规范；又如水泥、钢材等某些指标不合格，属于材料不符合规定状态。

间接原因是指质量事故发生地的环境条件存在问题，如施工管理混乱、质量检查监督失职、质量保证体系不健全等。间接原因往往导致直接原因的发生。

质量事故原因也可从工程建设的参建各方来寻查，业主、监理、设计、施工和材料、设备供应商的某些行为或各种方法也会造成质量事故。

三、水利工程质量事故的处理

（一）质量事故处理的目的

水利工程质量事故处理的目的主要是：正确分析事故原因，防止事故恶化；创造正常的施工条件；排除隐患，预防事故发生；总结经验教训，区分事故责任；尽量减少经济损失，保证工程质量。

（二）质量事故处理的原则

质量事故发生后，应坚持"三不放过"的原则，即事故原因不查清不放过，事故主要责任人和职工未受到教育不放过，补救措施不落实不放过。

发生质量事故，应立即向有关部门（业主、监理单位、设计单位和质量监督机构等）汇报，并提交事故报告。

由质量事故而造成的损失费用，坚持事故责任是谁由谁承担的原则。如果责任在施工承包商，则质量事故分析与处理的一切费用由承包商自己负责；如果施工中质量事故责任不在承包商，则承包商可依据合同向业主提出索赔；若质量事故责任在设计或监理单位，则应按照有关合同条款给予相关单位必要的经济处罚。构成犯罪的，移交司法机关处理。

（三）质量事故处理的程序方法

质量事故处理的程序是：①下达工程施工暂停令；②组织调查事故；③事故原因分析；④事故处理与检查验收；⑤下达复工令。

质量事故处理的方法有两大类：

①修补。这种方法适合通过修补可以不影响工程的外观和正常使用的质量事故。此类质量事故是施工中多发的。

②返工。如果质量事故严重违反规范或标准，影响工程使用和安全，且无法修补，则必须返工。

有些工程质量问题，虽超过了规程、规范的要求，已具有质量事故的性质，但可针对工程的具体情况，通过分析论证，不需做专门处理，但要记录在案。例如，由于欠挖或模板问题使结构断面被削弱，经设计复核验算，仍能满足承载要求的，也可不做处理，但必须记录在案，并有设计和监理单位的鉴定意见。

第六节　水利工程质量评定
与工程验收

一、水利工程质量评定

（一）评定意义

工程质量评定，是依据国家或相关部门统一制定的现行标准和方法，对照具体施工项目的质量结果，确定其质量等级的过程。水利工程按《水利水电工程施工质量检验与评定规程》（SL176—2007）（简称《评定标准》）执行。其意义在于统一评定标准和方法，正确反映工程的质量，使之具有可比性；同时也考核企业等级和技术水平，促进施工企业提高质量。工程质量评定以单元工程质量评定为基础，其评定的先后次序是单元工程、分部工程和单位工程。

工程质量的评定在施工单位（承包商）自评的基础上，由建设（监理）单位复核，报政府质量监督机构核定。

（二）评定依据

①国家与水利部门有关行业规程、规范和技术标准。

②经批准的设计文件、施工图纸、设计修改通知、厂家提供的设备安装说明书及有关技术文件。

③工程合同采用的技术标准。

④工程试运行期间的试验及观测分析成果。

（三）评定标准

1.单元工程质量评定标准

单元工程质量等级按《评定标准》进行。当单元工程质量达不到合格标准时，必须及时处理，其质量等级按以下要求确定：①全部返工重做的，可重新评定等级。②经加固补强并经过鉴定能达到设计要求，其质量只能评定为合格。③经鉴定达不到设计要求，但建设（监理）单位认为能基本满足安全和使用功能要求的，可不补强加固；或经补强加固后，改变外形尺寸或造成永久缺陷的，建设（监理）单位认为能基本满足设计要求，其质量可按合格处理。

2.分部工程质量评定标准

分部工程质量合格的条件是：

①单元工程质量全部合格。

②中间产品质量及原材料质量全部合格，金属结构及启闭机制造质量合格，机电产品质量合格。

分部工程质量优良的条件是：

①单元工程质量全部合格，其中有 50%以上达到优良，主要单元工程、重要隐蔽工程及关键部位的单位工程质量优良，且未发生过质量事故。

②中间产品质量全部合格，其中混凝土拌和物质量达到优良，原材料质量、金属结构及启闭机制造质量合格，机电产品质量合格。

3.单位工程质量评定标准

单位工程质量合格的条件是：

①分部工程质量全部合格。

②中间产品质量及原材料质量全部合格，金属结构及启闭机制造质量合格，机电产品质量合格。

③外观质量得分率达 70%以上。

④施工质量检验资料基本齐全。

单位工程质量优良的条件是：

①分部工程质量全部合格，其中有 50%以上达到优良，主要分部工程质量优良，且未发生过重大质量事故。

②中间产品质量全部合格，其中混凝土拌和物质量达到优良，原材料质量、金属结构及启闭机制造质量合格，机电产品质量合格。

③外观质量得分率达 95%以上。

④施工质量检验资料齐全。

4.工程质量评定标准

单位工程质量全部合格，工程质量可评为合格；如果其中 50%以上的单位工程质量优良，且主要建筑物单位工程质量优良，则工程质量可评优良。

二、水利工程验收

（一）水利工程验收概述

水利工程验收是在工程质量评定的基础上，依据一个既定的验收标准，采取一定的手段来检验工程产品的特性是否满足验收标准的过程。水利工程验收的目的是：检查工程是否按照批准的设计进行建设；检查已完工程在设计、施工、设备制造安装等方面的质量，并对验收遗留问题提出处理要求；检查工程是否具备运行或进行下一阶段建设的条件；总结工程建设中的经验教训，并对工程作出评价；及时移交工程，尽早发挥投资效益。

工程验收的依据是：有关法律、规章和技术标准，主管部门有关文件，批准的设计文件及相应设计变更、修改文件，施工合同，监理签发的施工图纸和说明，设备技术说明书等。当工程具备验收条件时，应及时组织验收。未经验收或验收不合格的工程不得交付使用或进行后续工程施工。验收工作应相互衔接，不应重复进行。

工程进行验收时必须有质量评定意见，阶段验收和单位工程验收必须有水利工程质量监督单位的工程质量评价意见；竣工验收必须有水利工程质量监督单位的工程质量评定报告，竣工验收委员会应在其基础上鉴定工程质量等级。

（二）水利工程验收的主要工作

水利工程验收的主要工作包括以下几个方面：

1.分部工程验收

分部工程验收应具备的条件是该分部工程的所有单元工程已经完建且质量全部合格。分部工程验收的主要工作是：鉴定工程是否达到设计标准；按现行国家或行业技术标准，评定工程质量等级；对验收遗留问题提出处理意见。分部工程验收的图纸、资料和成果是竣工验收资料的组成部分。

2.阶段验收

根据工程建设需要，当工程建设达到一定关键阶段时（如基础处理完毕、截流、水库蓄水、机组启动、输水工程通水等），应进行阶段验收。阶段验收的主要工作是：检查已完工程的质量和形象面貌；检查在建工程建设情况；检查待建工程的计划安排和主要技术措施落实情况，以及是否具备施工条件；检查拟投入使用工程是否具备运用条件；对验收遗留问题提出处理要求。

3.完工验收

完工验收应具备的条件是所有分部工程已经完建并验收合格。完工验收的主要工作是：检查工程是否按批准设计完成；检查工程质量，评定质量等级，对工程缺陷提出处理要求；对验收遗留问题提出处理要求；按照合同规定，施工单位向项目法人移交工程。

4.竣工验收

工程在投入使用前必须通过竣工验收。竣工验收应在全部工程完建后 3 个月内进行。进行验收确有困难的，经工程验收主持单位同意，可以适当延长期限。竣工验收应具备以下条件：工程已按批准设计规定的内容全部建成；各单位工程能正常运行；历次验收所发现的问题已基本处理完毕；归档资料符合工程档案资料管理的有关规定；工程建设征地补偿及移民安置等问题已基本处理完毕，工程主要建筑物安全保护范围内的迁建和工程管理土地征用已经完成；工程投资已经全部到位；竣工决算已经完成并通过竣工审计。

竣工验收的主要工作是：审查项目法人"工程建设管理工作报告"和初步验收工作组"初步验收工作报告"；检查工程建设和运行情况；协调处理有关问题；讨论并通过"竣工验收鉴定书"。

第八章　水利工程管理创新路径分析

第一节　水利工程建设管理创新

目前，我国水利工程建设正处于高速发展的关键阶段，水利工程建设管理面临着新的挑战和新的管理要求。在我国，水利工程的建设资金主要来源于国家财政资金，水利工程建设数量和建设规模的增加使得政府的财政压力也显著增加。这就需要结合社会的发展形势，转变水利工程建设的管理模式，使国家财政拨款能够得到最大化的利用。现代化的水利工程建设管理模式能够在一定程度上促进水利工程的可持续发展，有效规避水利工程建设过程中的各项风险因素。同时，现代化水利工程建设管理理念的树立，能够有效解决传统管理模式中存在的经费不足、管理不到位等问题。对此，水利工程建设要求采用现代化的管理模式，综合采取数据化、信息化的管理方式，以切实攻克现阶段水利工程建设中存在的问题，使水利工程建设满足时代发展的要求。

一、水利工程建设管理的主要内容

水利工程建设管理的主要内容包括招投标管理、设计管理、安全管控等。

（一）招投标管理

在水利工程建设管理中，招投标管理是重要的组成部分。水利工程实际实施环节涉及多项专业设计，同时对于工程技术和工程质量的要求相对较高。此外，水利工程的建设很容易受到自然气候和地质因素的影响，具有一定的不稳定性。对此，实施招投标管理，可以提供一个公开竞争的平台，吸纳更多具有工程实施资质的企业，以保证工程建设管理的科学合理性，同时，这种管理方式能够保证市场竞争的公平性，使得水利工程建设项目的经济效益得到切实保障。

（二）设计管理

水利工程建设管理中的重要内容还包括设计管理。设计管理的重中之重，就是做好设计单位及设计相关工作的管理。在设计单位的筛选确认过程中，需要全面获取设计单位的资质和综合能力信息，并采取科学有效的考核机制。在设计单位技术资质等同的情况下，则优先选用信誉等级较高的设计单位。对于设计工作的相关内容，需要制订科学合理的设计方案，并严格按照设计计划全面实施。

（三）安全管控

水利工程建设管理中的关键内容就是安全管控。安全管控主要包括两方面的内容：一是工程建设过程中的施工规范性管理；二是施工过程中的环境安全管理。安全管理能在最大程度上减少水利工程施工对周围环境造成的影响，尤其是减少工程废水、工程垃圾的影响。

二、水利工程建设管理创新思路

（一）合理分配资金

成本管理是水利工程建设管理中的重要内容，科学合理的成本管理有助于工程管理效率和管理质量的提高。资金分配在成本管理中发挥着重要的作用，对此，相关部门可以结合施工单位的实际情况组建资金研究小组，主要负责对资金进行预算、使用、追踪、分析等方面的研究与把控。同时，资金管理系统可以积极融入信息化技术，通过计算机技术、信息化技术等先进技术的应用，保证资金管理的精确性，有效规避贪污腐败问题。此外，水利工程建设规模相对较大，需要耗费大量的资金，这就需要结合工程实际进展对资金进行科学合理的分配，以确保资金能够用到实处，在最大程度上将资金价值发挥出来。

（二）坚持以人为本发展观，优化人力资源

在水利工程建设管理工作中，需要坚持以人为本的发展理念，加大对相关工作人员的管理力度，注重水利工程工作人员综合素质的提升。在日常工作过程中，相关企业需要定期对工作人员进行培训，使其能够全面了解水利工程建设管理的综合情况，吸纳先进科学的水利工程建设管理理念和管理方法等。对于水利工程人员的培训工作，主要包括技能培训和安全培训，需使其在全面提升自身职业技能的同时，强化工程建设过程中的安全管理意识，切实从各个方面做好工程建设管理工作。与此同时，相关企业还需要建立完善的考核机制，充分调动工作人员的积极性，加强水利工程管理人才队伍建设。

（三）加强对材料检验以及管理方法的创新

各类材料是保障工程质量的必要前提与重要基础，这就需要企业采取有效的把控策略使其更好地服务于工程建设。如果在工程建设中使用有质量问题的材料，就会使工程存在安全隐患，如果这种安全隐患没有被及时发现，就很有可能会引发安全事故，这必将会使工程延期。所以在购入工程材料时，企业必须加大对材料的审查力度，坚决不能让有质量问题的材料进入工地，购买材料之前一定要做好相关调查工作，查看供应商是否符合要求以及供应商的社会信誉等，对其严加审查后才可以与其合作。企业也要对材料本身进行质量检测，

确保材料符合国家的要求。材料购入工地后，质检人员要按照规定对材料进行分批分次的抽查，必要时还应当进行"飞检"，坚决杜绝"残次品"，务必确保材料、设备符合工程使用要求。如果发现不符合工程要求的材料，就要及时退回给供应商，确保材料符合工程要求后才可以使用。企业还要做好材料的存放保管工作，许多在工程后期才会用到的材料也会在工程开始时购入，这就要做到不损失、不变质，要做到随时用随时可以取，确保工程不会因为材料的短缺而停工。只有做到这些才能够使我国水利工程质量水平得到提升。

（四）采用先进的科技加强工程施工管理

目前，随着社会经济的不断发展，各种新型的科技应运而生。将这些先进的科技积极应用于水利工程建设管理工作是至关重要的。例如，在施工现场采用视频监控系统，加强对施工人员和施工单位的监管，保障施工质量，而施工现场智能安全监管设备的运用，也利于及时了解施工现场的安全信息，以保证施工人员的生命财产安全。此外，还可以利用现代传媒手段实现资源信息共享，配合完成资源的合理配置工作，避免造成资源浪费。

第二节　水利工程管理中技术创新

目前，在人们的生产与生活中，水利工程应用较为广泛且获得了非常理想的效果。在工程建设与应用期间，做好管理工作，可让工程为人们的生产生活提供许多便利，所以管理部门在未来的水利工程管理工作中，需要对适用于水利工程管理工作的相关技术多进行研究与学习，通过技术创新手段，提升管理能力，确保工程管理工作更加具有合理性与规范性，促使水利工程的价值能够最大化地发挥出来。

一、打造有利于技术创新的工作环境

从宏观上看，水利工程管理事关国计民生，应当形成支持水利技术创新的社会氛围，政府应当积极组织制定相关的鼓励性政策，对于技术创新者给予一定的物质奖励以及科研经费的支持。从微观上看，水利管理单位的内部要形成一定的鼓励创新的工作氛围，激发个人的潜能，鼓励大家在干中学，积极进行各项技术的创新，健全人才选拔机制，优先提拔能够进行技术创新的人才。同时，应当积极鼓励跨区域的技术交流，将水利工程管理的经验在各级水利管理部门之间进行分享，使得水利管理技术创新能够在更大的范围内得到应用。例如：举办小型水库以及农田水利工程管理技术分享会，让大家能够在一起交流管理经验，共享水利管理技术，不断提高基层水利工程管理水平。

二、强化水利工程管理的技术支撑

既要进一步健全水利技术管理体系，构建公平、公正、公开的水利技术管理评价体系，为各层级水利管理部门加强技术学习提供一定的渠道与方法，也要强化科技管理成果转化工作，为实现技术创新奠定坚实的基础。

一条河流往往会贯穿不同的行政区域，因此在进行水利工程管理的时候要注重系统性管理。例如，珠江发源于云贵高原乌蒙山系马雄山，流经我国云南、贵州、广西、广东、湖南、江西6个省（区）和越南的北部，经由分布在广东省境内6个市县的八大口门流入南海，在防洪、灌溉、排涝等方面同时发挥着重要的作用。应当通过强化技术支撑，不断加强各项技术创新和系统性管理，从而更好地发挥水利工程的实效。

（一）应用先进的施工技术、水处理技术

管理人员开展工程管理工作期间，需要对以往工程作业时使用的各类技术进行详细的了解，然后找出技术应用的问题，之后再利用当前现代化的先进施工技术，做好工程施工工作。具体管理水利工程作业的技术应用时，工作人员可以引导施工单位大力进行工程作业导流围堰技术的应用，由于在山区施工建设的水利工程需要在河道两岸进行作业，并且在作业时要进行围堰（永久、临时）修建，从而可以利用导流围堰技术沿着河流流动方向进行水资源的预定引流处理，以便施工单位可以在作业期间对水流加以控制，有效开展工程的基坑开挖、建筑物修建工作，确保工程能够顺利施工，促使施工单位通过利用该项技术显著提升水利工程作业的有效性与安全性。管理人员需要在施工单位利用该项技术施工期间，结合工程施工区域的地形地貌、水文活动等条件，编制技术应用管理方案，确保工程导流围堰施工技术能够得到良好的应用；针对山区及城市水利工程的管理工作，可以进行带式压滤机泥水分离污水处理技术、SPR 高浊度污水处理技术等先进技术的应用，从而做好相关水利工程的污水、积水处理管理工作。

（二）应用 RTK 技术

RTK 技术（实时动态载波相位差分技术）属于一种新型的地质勘查技术，应用于水利工程管理工作中，可以在测量工作中发挥出较好的使用价值。由于水利工程项目涉及的施工环节较多，而且部分工程施工环境较为恶劣，如果采用常规地质勘查技术进行工程建设所需数据的勘察，容易出现数据结果不准确的问题，最终会影响工程施工质量与效果，但是使用新型的 RTK 技术，便可以保证测量工作有效开展。例如进行水利工程建设的外业测量工作时，为了规避常规勘测技术的应用缺陷，管理人员可以指导勘察单位使用 RTK 技术完成施工所在地区地形地貌的勘察工作，该项技术具体应用时的测量难度较小，无须勘察人员多次往返于野外进行地质条件的多次测量，并且利用相关设备进行

的勘察工作可以极大地减少勘察人员的工作任务量，最终获取的勘察数据也有着非常高的准确性；同时，应用 RTK 技术进行水利工程施工所在区域的施工地形图绘制期间，勘察人员依托该项技术便可以随时对勘察地区进行随走随测处理，无须再次设置多个控制点进行勘察，所以测量工作质量较之于以往有着大幅度的提升，获取的勘测结果应用于工程施工中可以为水利工程高质量、高效率的建设提供地形图及外业测量数据的有效支持。

三、加强水利工程管理的信息化建设

有相当一部分的水利工程管理技术创新是与信息化建设息息相关的。信息化建设在提升水利工程管理质量方面具有十分积极的影响。当前水利工程管理的信息化建设中还存在一定的问题，信息化建设水平还不够高。提前预警、辅助决策是水利工程管理信息化建设中的一项重要内容，当前许多水利工程的管理信息化建设还没有达到这样的要求。在进行信息化建设的过程中，要积极主动应用各项新进的信息化技术，配备微波、短波通信设备，在更大的范围内应用遥控系统、自动化系统。

例如：通过 GIS 系统（地理信息系统）收集水利信息，实施动态管理，提前研判，做好充足的准备。在基础地理信息管理工作中利用该项技术，可以对相应区域的地理坐标进行准确监测，便于工作人员对我国水资源分布地区的地形地貌条件进行准确的分析，之后这些数据需要被完整收录于我国水利资源信息数据库中，以此为水利工程建设人员、管理人员提供需要的水利资源信息；在水利信息统计分析方面，依托 GIS 技术便可以对数量庞大且计算难度较大的信息，进行快速且准确的计算，据此得出水利工程建设、水力资源利用所需的相关信息，例如发生水灾之后，使用该技术便可以及时了解到受灾地区的水灾发生面积与严重性、受灾人群数据与财产损失情况，水灾处理部门依据获得的信息进行计算后，便可以编制可行性高的抗洪救灾作业方案，确保水灾可以得到妥善的处理。

第三节　水利工程标准化管理创新方式

水利工程建设始终在社会发展中占有重要地位，它与社会经济、资源利用等方面均有密切联系。为进一步彰显水利工程建设的价值，就必须在现有管理标准之上，适当地进行管理要点创新，方能够实现整合现有资源，提升资源利用率的管理效果。

一、当前水利工程标准化管理中存在的问题

（一）信息沟通阻塞

水利工程标准化管理是现代水利资源综合利用的首要标准，在加强资源规范化利用中发挥着不可忽视的基础作用。随着互联网时代的到来，水利工程标准化管理也逐步将程序化技术融合其中，但原有人工化管理措施依旧有部分遗留在工程管理工作中，致使工程内部信息在对接上出现了信息不完整、信息更新速率不同的问题。同时，部分水利工程管理人员水平有限，未熟练掌握新的水利工程标准化管理技术，这也会造成工程标准化管理信息传输阻塞的情况。

（二）标准化管理设施不完善

水利工程标准化管理是水利工程发展逐步规范化的过程。目前，我国水利工程管理工作实践中仍然存在着设施不完善问题：①水利工程标准化管理标识

不完善；②在水利工程中，水库、水渠的建设等级不够明确，管理人员进行标准化管理时，缺乏明确的工程标准化管理标准。

（三）标准化管理制度不健全

水利工程标准化管理实践中存在的不足，也在标准化管理制度方面有明显体现。目前，标准化管理制度层面的缺失，对中国水利工程发展造成了一定的阻碍。社会对水利工程标准化管理的重视度较低，无法形成管理部门、施工部门、应用群体三方联动的标准化管理模式，也会导致水利工程标准化管理制度无法层层推进。

（四）管理人员综合素养不高

水利工程标准化管理工作的有序推进，对管理人员的综合素养提出了一定的要求。而据统计，在我国当前水利工程管理人员中，仅仅有50%的在职人员综合素养达标，剩余50%的从业人员综合素养较低。

二、创新水利工程标准化管理的要点

要进一步推进我国水利工程管理工作的开展，形成良性周期循环模式，就必须解决当前水利工程标准化管理中的问题，准确把握创新要点。

（一）进行水库的划界工作

进行水库划界需要结合水利、国土等进行。作业的方式是内外作业，先在图上进行作业，对管理线进行布置，之后再通过外业的方式结合图纸对管理线和界址的位置进行测量放样。

（二）界桩埋设

结合地图的作用进行界桩的确定，之后按照顺时针的方式进行保护范围线的确定，每五百米布设一个界桩。如果水利工程有围墙和护栏，则可以将其作为重要的标识，不需进行界桩的设置。如果是比较重要的项目，或者是水事案件多发的地区，则应该加密设置界桩。如果是没有生产和生活的地段，则可以结合实际的情况加大间距，同时对界址进行明确的规定。如果是人口比较密集的地区，则可以增设告示牌。界桩的标准应该遵循省厅的标准。

（三）建立水利工程标准化信息传输渠道

水利工程标准化信息传输渠道的建立，需优化现代水利工程管理信息传输要素，建立高效率、高质量的信息传输网络。

1.水利工程信息收集环节的创新

标准化管理创新应对现有信息传输状态进行调整。例如，W 区域进行水利工程标准化管理时，工程管理人员先对 W 地区的水利工程进行实际情况分析，然后将人工现场管理信息记录环节资料进行整合，在确保人工信息收集与程序化信息记录内容相互对应后，进行水利工程管理信息对接，逐步运用程序化管理替代人工信息管理，这样，一旦 W 水利工程施工现场有情况变化，就可以在第一时间进行数据跟踪，确保水利工程信息的统一化、标准化管理。

2.新技术的综合利用

水利工程标准化的创新管理方法，应加强新技术与水利工程的承接能力，借助新的信息传输技术的优势，满足利用水利工程管理的需求，即新的信息传输技术可作为水利工程标准化管理的新手段。例如：R 地区进行水利工程标准化创新管理过程中，管理人员为了发挥智能化技术、数字化技术在 R 地区水利工程建设中的作用，一方面对水利工程技术操控人员进行技能培训，使其能够熟练操作数字化设备，另一方面也利用人工语音智能技术、远程数据监控以及区域性信息处理手段，开展水利工程现场信息传输多元化传导。与传统的水利工程管理方法相比，水利工程中新技术的融合，能够提高水利施工现场的信息传输速率。R 地区对水利工程标准化管理方法的融合应用，以及加强管理人员技术引导的创新过程，为全面推进水利工程的综合引导提供了保障。

（四）水利管理标识规范化

整合水利工程标准化管理标识问题。进行水利工程标准化管理，不仅要在常见的管理标识上入手，也要关注不常见的标准化管理标识，确保水利工程管理工作的实施，能够有标准的管理标识作为引导。例如，M 水利工程实际管理过程中，不仅对"施工""危险"等常用标识进行了整合，也规范了"水利工程基坑挖掘""电闸"等固定化应用标识。这种全面进行规范化管理的过程，为标准化实施工作的全面性开展提供了更可靠的标准化管理物质保障。具体来说，水利管理标识规范化还需要从以下几方面入手：

第一，在大型水库中，应该在大坝能够管理的范围内进行公示牌和安全警示牌的设置。

第二，水闸工程需要在上游和下游设置安全警戒的标识牌，有交通桥的话需要设置限速标识等，通航处需要设置助航标识。

第三，在泵站工程中，相关的工作人员应该在高压试验地点、禁止通行的地点设置一些警示牌。

第四，水文检测站需要悬挂统一的设施、设备和标识牌，在河段的上游和下游应该设置标识牌。

（五）管理要素细化分配

水利工程建设包括多个部分，且不同等级的水利工程建设管理标准也有着一定的差异。为实现水利资源的综合管理，必须细化水利工程标准化管理内容。例如，进行水利工程标准化管理时，可以将水利工程分为国家级水库、地区性水库，然后再根据水利工程标准化管理的各项指标进行标准化建设。这种层级性的水利工程综合分配方式，也是社会水利工程标准化管理的体现。

（六）推动绿色发展

进行水利工程标准化管理，要加强水利工程管理与绿色发展理念之间的关联度，减少水利工程施工对周边环境的损害，实现人与自然的协调共生。举例来说，P地区为了减少工程建设对周边环境的影响，管理人员在设计水利工程建设方案时，分别从水文、地质灾害、周围村庄供水等方面对水利工程施工后可能出现的变化进行了假设，调整方案中与假设条件冲突较大的部分，再具体进行水利工程建设条件的要素分析，直到水利工程实现可持续发展性建设规划为止。

进行堤防绿化是水利工程建设中的重要内容之一，在完成必要的施工之后需要对堤防进行建设和绿化，这样做是为了实现水利工程的生态效益。进行绿化的方法可以是生态植物修复法，即通过生态植物混合配制的方式对植被进行恢复，这样做的目的是实现对水土壤的固定、对景观的绿化，同时防止浅层滑坡等。

（七）创新水利工程管理制度

水利工程标准化管理体系的建立是一个循序渐进的实践过程，它不仅要求管理人员从工程核心影响条件层面落实问题，也要求对水利工程外部管理内容进行调整，建立与现代水利工程标准化相互适应的约束制度。如，在D区域进行水利工程标准化管理期间，管理人员在现有水利资源管理条件之上，进行标准化管理条件的全面变革，如将"按照水利工程建设的实际情况进行任务分配，组内人员共同承担责任"修改为"按工程分配标准，采取责任落实到个人的工程施工管理标准，进行责任制管理"，将"施工人员可依据实际情况适当进行技术调整"修改为"若施工中施工技术需进行调整，则应先与现场技术人员进行交流，然后再进行技术调整，并做好相应记录"。从以上 D 地区案例探究的相关内容可知，所谓水利工程管理制度方面的创新，就是要进一步细化管理制度与水利工程标准化管理实践之间的关系，继而提高水利工程标准化程度。

（八）创新水利工程人员管理

加强水利工程标准化管理需要创新人员管理，逐步弥补人员应用上的空白，减少人员应用损失。例如：在 B 区域水利工程标准化管理过程中，管理人员结合现有在职人员，采取专业与"新人"的对接安排制度，即利用在职专业管理人员，开展水利工程标准化管理与实践经验总结同步开展的人员专业素养提升互助工作。在培训中，在水库、河道、港口、码头工程施工的质量监管方面进行了培训，全面提升了员工的社会水利工程建设能力，为全力推进水利工程标准化开发提供了综合指导。案例中关于 B 地区水利工程标准化管理内容的多元化分析，就是水利工程标准化管理的具体体现。

水利工程标准化管理创新方式探究，是社会资源方法科学运用的理论归纳，为城市资源综合利用提供了借鉴。在此基础上，建立水利工程标准化信息传输渠道、实现水利管理标识规范化、推动绿色发展、创新水利工程管理制度等，有助于实现当代水利资源的综合运用，为我国水利资源创新开发提供了新视角。

第九章 漳卫南运河水利工程
管理模式分析

第一节 漳卫南运河水利工程概况

漳卫南运河流域是中华民族的发祥地之一，也是隋代大运河和元代京杭大运河的组成部分，数千年来人们在治河、治水的活动中，创造了灿烂辉煌的古代文明。

一、运河的基本情况

漳卫南运河河系隶属于海河流域，为海河流域的五大河系之一。漳卫南运河由卫河、卫运河、漳河、漳卫新河及南运河构成。漳卫南运河源头为浊漳河南源，流域面积 37 700 km²，其中上游为山区，中下游为平原，流至天津市静海区十一堡闸入海，河道总长 932 km。该河系发源于太行山脉，河系总的走向为从西南向东北流入渤海。

（一）地理位置与地形

漳卫南运河流经四省一市入渤海，其中四省为山东、山西、河南、河北，一市为天津市。其流域范围为东经 112°～118°，北纬 35°～39°。该河系位于太岳山以东，滏阳河、子牙河以南，黄河、马颊河以北。

流域的主山脉为太行山脉，位于该流域西部。太行山脉的山脊线高程最高达 2 200 m，最低也为 600 m，形成一道天然屏障，阻碍由海洋形成的水汽团向流域内部输送，加之此地的地貌特征，形成了以东以南的迎风山区与以西以北的背风山区。

该流域的平原地带高程一般在 100 m 以下，基本上从京广铁路向东或向南倾斜。京广铁路附近为山前洪积平原，地面坡度在 1‰～3‰，排水良好。此区东南为冲积平原，所呈现的岗、洼、坡相互交错形成的条带状地形，是由该河系多年泛滥改道淤积形成的，因此地形复杂，大小不一的洼地星罗其中，形成天然的行滞洪区，地面坡度在 0.1‰～0.3‰，排水不畅。

流域山区和平原几乎直接交接，其间的丘陵过渡区甚窄，致使各河几乎没有中游段，形成上下游相接的特殊河道。

（二）气象水文

漳卫南运河流域处在温带季风气候区，气候呈现半干旱、半湿润的特征，四季区分鲜明，春季少雨多风干燥，夏季多雨湿润，秋季秋高气爽，冬季少雪寒冷。

平原区平均气温变化在 13.0～14.5 ℃。东、西温差不明显，平均不到 1 ℃，最冷区位于沿海平原，最暖地区位于平原的西南部。山区气温低于平原，年平均气温一般随海拔高程的增高而降低，等温线的走向基本上与山脉的走向一致。

冬季，该流域在干冷偏北气流控制下，气候干冷。夏季受来自海洋暖湿气流控制，气候湿热。年内气温变化差异较大，在一月份达到最低点，在七月份达到最高点。从冬天转为春天，温度上升迅速，从秋天转为冬天，温度下降得十分明显，绝大部分地区春天温度会高于秋天温度。

根据 E601 型蒸发皿观测数据，漳卫南运河流域多年平均年水面蒸发总量约为 1 100 mm。其地区分布一般是平原大于山区，南部高于北部。漳河上游年平均水面蒸发量小于 1 000 mm。

流域内年蒸发量与年降水量的比值，山区为 1.5～2.0，平原区年蒸发量都在年降水量的 2 倍以上。水面蒸发量的年际变化不大，变差系数 Cv 值在 0.08～0.13，但年内分配很不均匀，5、6 两个月的蒸发量可占到全年蒸发量的 1/3，加之这两个月降水都不大，而农作物需水量却较多，因而此时期常为流域全年的最旱时期。漳卫南运河流域多年陆面蒸发总量年平均值约为 487 mm。其中，平原区为 531 mm，漳河山区为 481 mm，卫河山区为 492 mm。

在降水量的季节分配方面，每年夏季的七、八月份为降雨较集中的月份，占全年降雨量的 50%以上；秋季降水量次之，也能占到全年降水量的 13%～23%；春季一般降水量能达到全年的 8%～16%；冬天降水量占全年降水量的 2%，为整个年度最低值。

漳卫南运河多年平均降水量保持在 500～800 mm 范围间，只有局部地区小于 500 mm 或大于 800 mm，在海河流域诸河中是降雨较多的地区。

由于受季风气候和地形的影响，降水量的分布存在明显的地带性差异。受到太行山地形特征的影响，由东南、西南方向过来的海洋暖湿气流形成一条沿山脉走向的多雨地带，多年平均降水量一般保持在 600～700 mm 范围内。其中，卫河上游峪河至淇河上游因受迎风坡效应或喇叭口效应较强的影响，出现一个 800 mm 的高值中心，最大为卫河官山站 935 mm。太行山背风坡为浊漳河地区，由于温暖潮湿的气流受山脉阻挡等，比迎风坡降水显著减少，一般为550～600 mm，浊漳河石梁水文站附近在 550 mm 以下，其中辛安站最小，多年平均降水量仅 498.1 mm。平原区多年平均降水量一般在 550～600 mm。

该河系径流的年内分配比较集中。但由于气候条件、补给形式、流域调蓄能力等差异，各河多年平均径流量的年内分配形式及集中程度存在较大的差别。发源于迎风山区的中小河流，源短流急，流域调蓄能力小，汛期平均径流量一般占年径流总量的 70%～80%；以泉水补给为主的河流，径流的年内分配比较均匀，汛期径流量一般只占年径流总量的 35%～60%。径流的年际变化除受降水的影响外，同时还受下垫面因素的影响，因此径流量比降水量的变化幅度更大，地区之间的差异也更悬殊。

（三）泥沙

1.泥沙的地区分布

据资料分析，因浊漳河集水区内有着大片的黄土层分布、植被少和短历时暴雨强度大等原因，水土流失严重，河流多年平均含沙量在 $10\sim30$ kg/m^3，年输沙模数 $1\,000\sim2\,000$ t/km^2。清漳河、卫河多年平均含沙量一般为 10 kg/m^3 以下，淇河新村站 1.83 kg/m^3，年输沙模数小于 450 t/km^2，有的直流则小于 100 t/km^2。

2.泥沙变化

河流泥沙的形成，主要是暴雨冲刷侵蚀坡面后水流携泥沙进入河道所致，该河系河流含沙量的年内变化极不均匀，大的含沙量大部分集中在汛期几次暴雨洪水之中，沙峰很大，而枯季主要是地下水补给河流，一般无坡面侵蚀，所以枯季含沙量很小。

经连续数年的资料数据统计可知，含沙量在年内每月的分配数据相当集中，在汛期的 $6\sim9$ 月份为输沙量最大的四个月，其中最大的甚至占年输沙量的 90% 以上。年内输沙量最大的月份与降水量最大的月份往往相同，一般会出现在每年的七八月份。

3.山区产沙量及其运行规律

全河系的泥沙主要来自山区的冲刷侵蚀，平原区河道时有冲淤，但就这个平原区而言是以淤积为主。漳河多年平均年产沙量约 $2\,366$ 万 t，占海河流域山区年产沙量的 13.0%；卫河多年平均年产沙量 238 万 t，仅占海河流域山区年产沙量的 1.3%。山区的产沙量仅占 1.1%，其余都淤积在中下游平原河道及沿河坡洼、蓄滞洪区及山区的水库中。

（四）洪水

漳卫南运河发生的洪水灾害，基本上是由连续暴雨所致的，大部分发生在 7、8 月，尤其 7 月下旬至 8 月上旬更为集中。

较大洪水的发生时间一般较暴雨发生的时间要晚 3～5 天。洪水的一次洪量是相当集中的，一般一次洪水要经过 3～6 天结束，少数洪水过程会持续 7～15 天。中等洪水 6 天洪量占到 15 天洪量的 50%～70%；大洪水 6 天洪量占到 15 天洪量的 80%～85%；特大洪水可持续一个月之久，洪水总量占汛期内总流量的 50%～90%，然而在洪量峰值段的 5～7 天内，洪量可达到 30 天洪水总量的 60%～90%。山区河流的洪水一般持续时间短，陡涨陡落。中下游由于受河道及坡洼的调蓄，高水位维持时间较长。

下面以 1963 年洪水为例进行论述。

1.洪水过程

1963 年洪水是漳卫南运河发生的一场有记录以来的特大暴雨。1963 年 8 月 1 日至 10 日，漳卫南运河流域发生历时十天的特大暴雨，暴雨量 95% 以上集中在当月 2 日至 8 日的七天内，导致漳河、卫河干流与支流于 8 月 2 日急剧涨水，并于 3、6、8 日出现三次洪峰，以 8 日最大。由于卫河洪水大，河道宣泄不及，沿河坡洼相继使用后河道仍出现多处溃决。漳河虽有岳城水库调蓄，但最大泄量仍达 3 500 m³/s，大大超过河道安全泄量，除漳河右岸多处决口外，还在大名县与馆陶县交界处的左岸闫桥溃决，出水量近 13 亿 m³。漳卫运河于 8 月 13 日向恩县洼分洪，8 月下旬水位才缓慢回落。

2.水量平衡及洪水总量

为说明这次洪水自上而下传播，经水库调蓄、坡洼滞蓄、决口分流及沿途停蓄、损失和经各减河入海的变化过程，对 8～9 月的水量进行了水量平衡计算。其结果是：8～9 月洪水总量为 82.86 亿 m³，水库及洼淀至 9 月末共拦蓄水量 7.39 亿 m³，占来水总量的 8.9%；决口分流及入海水量为 69.3 亿 m³，占来水总量的 83.7%；其余 6.17 亿 m³ 为损失量，占来时总量的 7.4%。

（五）社会经济状况

中华人民共和国成立初期，全流域总人口为 1 150.39 万人。其中，非农业人口数仅为总人数的 5%，人数约为 45.3 万人。而伴随我国经济的不断复苏与发展，以及医疗水平的不断提升，流域内人口出生率不断提升，死亡率下降明显，非农业人口也不断增加。

该流域为我国粮食与经济作物的主要产区，主要出产小麦、玉米等粮食作物，而经济作物则以花生、棉花、芝麻等为主。

中华人民共和国成立初期，全流域农业总产值仅 8.45 亿元。中华人民共和国成立后，我国社会制度发生了深刻变革，伴随着社会主义农业政策体系的建成，农民的生产积极性得到了提高，这也使得流域内的经济得到了快速发展。至 1980 年，全流域农业总产值达到 42.78 亿元，与中华人民共和国成立初期相比，增长了 4 倍。自党的十一届三中全会以来，我国农村推行了土地联产承包责任制，这一政策刺激了农民生产的积极性，并且伴随着农业产业结构调整，全流域农业总产值进一步增加。

该流域内煤炭、石油资源丰富，主要工业有煤炭、石油、钢铁、发电、纺织、造纸以及各类加工企业等。

中华人民共和国成立前，流域内的工业企业大多数被帝国主义垄断，加上战争的破坏，到中华人民共和国成立初期，流域内工业残缺不全，生产处于停滞、瘫痪状态，工业总产值还不足 1 亿元。

中华人民共和国成立以来，在中国特色社会主义制度下，通过近几十年的建设与发展，漳卫南运河流域内的工业生产发生了天翻地覆的变化，工业企业在各个方面都有了显著提升。特别是党的十一届三中全会后，工业生产走上健康稳定发展的轨道。

二、运河水利工程情况

漳卫南运河河道治理工程历史悠久：东汉末年卫河航道的开辟，隋代永济渠的开凿，元代京杭大运河的贯通，明清两代南运河上减河的开辟等，都是古代劳动人民聪明才智的结晶，为我国水利事业的发展作出了贡献。但受历史条件的限制，河道治理工程主要是为了满足漕运的需要，始终未能改变每岁必决的局面。

中华人民共和国成立后，依据 1957 年、1966 年、1993 年 3 次的海河流域规划，对漳卫南运河制定了治河方针和综合治理措施。经统一协调规划筹措，河道得到了疏浚与扩挖，堤防得到培厚加高，护堤地滩地得到除险整治，滞洪区得到开辟，加之上游水库的修建，使漳卫南运河初步形成了防洪工程体系，已能够防御一般性洪水。

以卫河流域河道工程为例。卫河大部分位于河南省内，干流迂回蜿蜒，槽小坡缓，老观嘴以上河段基本上没有滩地，靠两堤束水，主要排泄右岸平原涝水，汛期排水不畅，两岸极易形成洪涝灾害。多年来，卫河多次进行了河道清淤工程，提高了防洪能力，安全泄量也有了较大的提高。例如，在机械清淤河段，为适应机械性能，并照顾到险工、堤防安全，在局部狭窄段，将施工断面中心线调整偏离原中弘线，切滩顺直；人工清淤段在个别弯道处稍加切滩顺直，并在小河口、宗湾等进行裁弯取直。

第二节　漳卫南水利工程管理情况

水在人类历史上一直扮演着十分重要的角色，人类依江河而发展，江河孕育着生命万物，是所有生物生长繁衍不可缺少的元素。漳卫南运河作为海河流域的重要组成部分，为生活在河流两岸的百姓提供了必要的保障。历史上，漳卫南运河具有泄洪、提供水源、运输和保持两岸优良生态环境的功能，特别是自隋唐以来，漳卫南运河的卫运河、南运河水量充沛，水质优良，航运发达，是京杭大运河的重要组成部分。

一、漳卫南运河工程管理回顾

漳卫南运河的工程管理，主要包括建立专管机构、健全群管队伍及河道工程管理、水库管理、水闸工程管理等工作。河道管理的历史比较悠久，早在宋朝，在南运河就设置了河道官员，负责浚河筑堤，保证漕运畅通。对建筑物的管理，则是在中华人民共和国成立后开始的。

中华人民共和国成立前，漳卫南运河流域没有大型水工建筑物，为数不多的小型水工建筑物也没有专管机构，闸坝随河道一起管理。中华人民共和国成立后，加强了水利工程管理，大体可分两个阶段：第一阶段为中华人民共和国成立初期至 1980 年，建立专管机构，健全群管队伍，制定通则、规章，开展了河道堤防局部整修、测量、堤防绿化、锥探灌浆等工作。1958 年漳卫南运河管理局成立，1980 年水利部海河水利委员会成立后，开启了治水兴水的新篇章。第二阶段为 1980—1996 年，1981 年水利部提出在全国开展"三查三定"工作，其中"三查"为查安全、查效益、查综合经营，"三定"为定标准、定措施、定发展计划。这就把水利工作的着重点转移到管理方面来。在海委（海河水利委员会）领导下，漳卫南局（漳卫南运河管理局）认真开展了此项工作。在此期间，综合经营有了初步发展。随着农村实行家庭联产承包责任制，漳卫南局对护堤队伍也实行了联产计酬责任制，有效地巩固了群管队伍，使其发挥更大作用。20 世纪 80 年代，漳卫南局提出的堤防管理标准和水库、枢纽、水闸的工程管理标准，使标准化管理迈上了一个新台阶。90 年代，我国又相继颁布了《堤防经营管理考核办法》《河道目标管理考评办法》等，逐渐使漳卫南运河水利工程管理步入正规化的道路。目前，该流域水利工程在闸门防腐、电测堤防隐患、土地划界确权、工程观测与维修等方面有了长足发展，但水利工程管理仍存在着体制不顺、机制不灵活、维修和运营资金短缺等问题，因此，对水利工程管理体制改革（简称"水管体制改革"）是一项利国利民的大事。

二、运河水利工程管理体制改革

运河水利工程改革的依据是《水利工程管理体制改革实施意见》。

早在 21 世纪初，漳卫南运河管理局就进行了改革相关内容的筹划工作，在 2000 年 7 月至 2002 年 8 月就将德州局、邯郸魏县局、卫河南乐局等水管机构设为早期"管养分离"的试点进行水管改革，为接下来实施的改革开创先机，树立典型。

自 2002 年我国颁布《水利工程管理体制改革实施意见》后，海河流域职能部门依照该文件精神，在联系本流域实际工作情况的前提下，积极开展改革的各项工作。改革共分为两个实施阶段：

第一阶段，试点当先，扎实推进。2005 年依照水利部、财政部要求，海委 30 个试点单位正式实施了"管养分离"的水管体制改革。这次水管体制改革是海河流域历史上实施力度最大、触及利益广泛、最具实际性的一次改革，不仅涉及员工的个人利益，同时也涉及财产的分割、人员如何转变身份以及调整隶属关系等一系列相对繁杂的问题，面对这项前所未有的变革，海委根据本流域实际，制定了一整套改革方案，并首先从县局入手。在改革实施过程中，观察小组全程跟进，遇到问题时，及时研究快速处理，保障改革工作的顺利开展。

第二阶段，多管齐下，全面推广。2006 年，以"管养分离"为重心的改革，在所选试点机构宣告成功以后，统筹考虑全流域实际，明确责任人、主管机构，统一规划，在明确改革规定时间的前提下，海委水管体制改革在整个流域全面开展。为了保证改革的顺利实施，海委就本流域在改革中所面临的组建维修养护公司、如何合理设置机构以及正确处理人员上岗等重要问题作出了重要批示，并结合本流域实际情况，顺利高效科学地完成了改革及实施方案的编制工作。水管体制改革依照三级局、养护公司、施工企业的顺序实施，达到了改革的要求，进展顺利。经过历时四年的共同努力，海委及其隶属机构的水管体制改革全面完成。

自此，海委水管体制改革工作全面完成，延续数百年的专管与群管相结合的管理制度退出历史舞台。

三、运河水利工程管理体制改革的成果

（一）运河水利工程单位职责和性质的划分是改革的基础

水管单位长期以来历经生产型事业单位、事业单位、企业单位模式的变革，然而没有从实际上对长久以来实行的预算管理模式进行有效定位。以"以收抵支""自收自支"为主的预算方式的存在有一定的历史原因。水利工程在国民经济中起着举足轻重的作用，对社会发展与经济发展都意义重大。正因为如此，国家更应该给予水利工程大力支持。水管单位所涉及的相关内容较繁杂，水管体制改革完成后，依照水利工程管理单位所负责的工作内容以及经营收益，可将水管单位分为以下三大类：

第一类水管单位主要任务为防洪排涝、水利工程管理维修，同时也兼有水力发电与供水等经营管理的内容，该类水管单位被称为准水管单位。这类水管单位的性质依其收益状况而定。

第二类水管单位指那些仅负责防洪排涝、水利工程运营维修工作的管理机构，该类管理机构被定义为纯水管单位。这类管理机构的性质可定性为事业单位。

第三类水管单位的主要任务是水力发电、城市用水供给与水利工程运营维修，该类管理机构以营运为主，因此可划归为企业。

在以上三大类水管单位的明确划分中，海河及其下属流域水利工程管理机构因其管理内容与经营情况不同，可划归为准水管单位与纯水管单位，性质为事业单位。

（二）管养分离的推行是水管体制改革的重要手段

水管体制改革的重要内容之一为大力推行管养分离，管养分离的主要意义在于其明确的维修养护与运行管理职责、管理与养护关系。这种竞争模式会使水利工程施工养护工作会走向科学化、社会化和市场化，可以有效地提升管理运营能力，同时可以充分调动管理、养护人员工作的能动性与积极性，在降低管理运行成本的基础上，发挥出其最大的使用效益。

第三节　漳卫南构建新型的
水利工程维修养护模式

2002 年，国务院办公厅转发国务院体改办（今国家发展和改革委员会）《水利工程管理体制改革实施意见》。通过改革，水利部海委漳卫南局成立了 9 家维修养护公司，初步建立了适应社会主义市场经济要求的水利工程管理体制，基本形成了以"管养分离"为核心的管理机制，维修养护工作实现了公司化运作模式，给漳卫南局水利工程维修养护工作带来了巨大的活力，工程面貌得到了很大改善。但随着维修养护工作的深入，一些新情况、新问题逐渐暴露出来。党的十八届三中全会对全面深化体制改革进行了新的战略部署，水利部和海委提出了深化水利改革的任务和方向。当前的形势要求我们必须冲破传统思想束缚，锐意进取，以深化水管体制改革来破解发展中的障碍，进一步推进水利工程管理水平的提高。

一、深化管理体制改革前的工程维修养护模式及存在的问题

　　漳卫南局下辖 37 个水管单位，管理范围内河道总长 814 km，堤防总长 1 536 km，有大型水库 1 座、水利枢纽 3 座（大型 2 座）、拦河闸 5 座、挡潮蓄水闸 1 座、节制闸 1 座、分洪闸 1 座、退水闸 1 座、引黄入卫闸 1 座，同时拥有 9 家养护公司，其中 1 家养护公司具有水利水电工程施工总承包三级资质、2 家养护公司具有堤防工程专业承包三级资质。

　　漳卫南局自 2004 年实施水管体制改革以来，工程管理体系逐步完善，全局工程管理水平大幅度提升，工程安全运行可靠度有了极大提高。据统计，全局有 1 000 km 以上堤防达到了标准化堤防要求，先后共有 7 个水管单位达到海委示范管理单位标准、1 个水管单位达到国家级水利工程管理单位标准。但是，随着经济社会的快速发展和改革的不断深入，一些深层次问题和养护公司发展中的困难日益突出，主要表现在：

　　①部分养护公司未能真正实现独立自主经营，未能建立有效的分配激励约束机制，亟须按照现代企业管理模式进行完善。

　　②水利工程维修养护一线人员力量投入不足，日常维修、养护、巡查不到位，距离社会化、专业化、集约化、市场化要求还有很大差距。

　　③原养护公司比较分散，上级主管单位管理层级过多，不符合当地维修养护点多、面广、线长、随机性强等实际情况。

二、深化水管体制改革的主要内容

　　水利部漳卫南局德州水利水电工程集团有限公司（以下简称"集团公司"）是 9 家养护公司的母公司。深化水管体制改革后，集团公司全面承担漳卫南局

水利工程维修养护任务。

①集团公司具有水利水电工程施工总承包二级资质，能满足独立自主经营要求，按现代企业管理模式建立有效的分配激励约束机制。为解决子公司不能真正独立经营的问题，漳卫南局拟撤销无资质的 6 家子公司，由集团公司另外设立分公司。"与其分散无进步，不如集中做大强"，这也是本次深化水管体制改革的重点。

②保质保量完成各项水利工程任务。按照集团公司发展规划，在集中现有子、分公司的人、财、物的基础上，不断壮大集团人才队伍、技术能力和装备能力，符合社会化、专业化、集约化、市场化的现代企业管理模式要求，实现真正的"管养分离"，充分发挥企业人员的独立能力，使其真正能加入维修养护的一线战斗。

③建立市场化内部运行机制，完善集团公司维修养护质量保证体系，全面推行日常工程维修养护物业化、专项工程专业化管理新模式。

集团公司整合后，按市场化要求与水管单位直接签订维修养护合同。专项工程按水利项目建设程序进行专业化施工；日常工程逐步推行物业化管理模式。

三、深化水管体制改革后工程维修养护新模式

为完成维修养护工作的总目标，集团公司制定了一系列详细的实施方案，现主要从堤防的日常和专项维修养护施工两方面简要陈述。

（一）日常维修养护施工

1.组织模式

推行物业化管理模式。将日常项目分为两类：一是施工难度小、技术含量低等纯人工完成的项目；二是技术含量高，需动用机械完成的系统性、季节性

的项目。

对于第一类项目，如堤防养护项目拟按一定公里数（具体按实际情况定）设一个物业养护人员，由子公司或分公司职工担任，负责所辖范围内的堤顶维修、堤坡维修、调整维修、附属设施维修及控导工程维修等日常养护项目，保持工程现状。子（分）公司与物业人员签订物业养护合同，合同内容由子（分）公司制定，并参照《漳卫南运河管理局堤防日常维修养护人员通用工作规范》严格管理，集团公司审批并监督执行。物业人员严格按照物业养护合同执行，完成并达到漳卫南局规定的《漳卫南运河管理局水管单位水利工程维修养护质量评定标准》水平。

对于第二类项目，集团公司组织现有机械设备并逐步配备专业的堤顶刮平机械和洒水机械，同时购置专业的行道林、护堤林、防浪林养护用大型药物喷洒机械等。在恰当时机（如雨后、突发病虫害等）对各水管单位所辖的堤防进行系统、专业的集中养护。

2.集团公司职责

集团公司履行维修养护项目乙方责任，按照合同规定的权利和义务，独立开展维修养护工作，并制定严格的物业人员管理制度，审核各子（分）公司制定的相应的物业养护人员考勤、奖惩办法等细则，由子（分）公司实行考核。集团公司成立专门机构监督施工全过程，使养护人员的切身利益与工程质量真正挂钩，真正实现按劳取酬、多劳多得的现代企业薪酬标准。

3.子（分）公司职责

①认真执行集团公司制定的各项规章制度，积极配合完成物业化管理模式的实施。

②及时收集整理日常施工中的资料，确保工程验收合格。

③制定相应的物业养护人员考勤、奖惩办法等细则并严格考勤，加强对物业人员的聘用和薪酬管理。

④做好职工思想工作，建立和谐稳定的养护队伍。

⑤解决好各养护段的人选问题，并做好与物业人员的合同制定、签订、执行过程管理等工作。

⑥加强职工教育培训，不断提高职工的专业素质，配合实施集团公司的人才交流计划。

4.物业养护人员职责

保质保量完成物业养护人员承包合同规定的内容，认真执行漳卫南局下发的《漳卫南运河管理局堤防日常维修养护人员通用工作规范》以及集团公司和子（分）公司制定的规章制度，并完成子（分）公司交代的其他任务。

（二）专项维修养护施工

1.组织模式

集团公司参照基建程序，建立健全各项规章制度，组建专业化的专项水利维修养护施工队伍，成立堤防类专项水利工程施工项目部。项目部严格按项目进行施工组织管理。项目部设立专职质检员，按照"三检制"的要求建立质量保证体系。

2.项目部职责

①遵守集团公司的工程管理制度，对工程工期、进度、质量进行全程控制。

②协调项目实施过程中的资源配置，及时向集团公司反馈项目进程。

③制定施工组织方案，项目部各岗位职责和项目部内部规章制度。

④及时收集整理专项施工中的资料，确保工程验收合格。

四、实施工程维修养护新模式的保障措施

（一）组织管理

成立维修养护工作领导小组，负责领导维修养护工程全面实施工作，在施

工过程中做到统一组织、统一计划协调、统一管理。

（二）制度建设

健全集团公司（含子公司、分公司）内部管理制度，激发内部活力，明确各部门、各岗位的职责范围。按照现代企业管理模式健全薪酬制度、考核制度、奖惩制度等内控制度，使职工充满责任感、荣誉感。

（三）发展规划

制定集团公司发展规划，提高行业竞争力，保持行业优势。

（四）合同管理

自集团公司或子（分）公司与水管单位签订维修养护合同起，集团公司督促各子（分）公司与物业人员签订物业养护合同，子（分）公司制定详细的合同管理办法及合同台账，对维修养护全过程进行合同控制。

（五）对外沟通与合作

与水管单位保持良好的沟通和关系协调，有助于维修养护工程的有效实施。管理与养护虽然分离，但并非背道而驰，仍需紧密沟通协作。只有这样，才能降低工程成本、减少资源浪费、保障工程资料的真实性、连贯性，并顺利完成工程验收。

水利工程的维修养护是确保水利工程实现经济效益、社会效益和生态效益的关键，而一个好的维修养护模式是整个维修养护工作的灵魂。探讨采用新的工程维修养护模式，是解决当前深化水管体制改革过程中一些深层次问题的手段，可以使水利工程在社会发展中发挥最大效益。

参 考 文 献

[1] 卜庆生，张芝光.水利工程标准化管理创新方式研究[J].工程技术研究，2019，4（4）：156-157.

[2] 陈剑，龙振华，黄莉，等.加强农村水利工程管理的创新策略研究[J].农村经济与科技，2020，31（3）：82-83.

[3] 戴金龙.水利工程标准化管理创新方式研究[J].科技创新与应用，2018，（35）：36-37.

[4] 葛子辉，王守国.小型水利工程管理改革创新思考：以安徽省长丰县为例[J].中国水利，2019（6）：53-55，61.

[5] 黄海涛.水利工程中堤防护岸工程施工技术研究[J].治淮，2022（12）：50-51.

[6] 贾绪锦.导流施工技术在水利工程施工中的运用要点分析[J].工程建设与设计，2022（22）：112-114.

[7] 李冬倬.水利工程施工技术分析[J].新农业，2022（20）：89-90.

[8] 李福来.水利工程中堤防护岸工程施工技术研究[J].中国设备工程，2022（15）：197-199.

[9] 梁志杰.水利工程中河道堤防护岸工程施工技术[J].水上安全，2023（3）：170-172.

[10] 刘俊滨.新思路 新方法 新举措 开创南运河水利管理新局面[J].河北水利，2016（10）：24-25.

[11] 刘群.水利工程项目施工管理应注意的问题及管理创新[J].现代物业（中旬刊），2018（3）：143.

[12] 龙振华，贺荣兵，王国霞，等.农村水利工程长效管理创新途径研究[J].

绿色科技，2019（24）：267-268，271.

[13] 罗义溪.工程安全爆破参数动态优化控制技术研究[D].南昌：南昌大学，2015.

[14] 罗云波.加强农村水利工程管理的创新策略[J].农村实用技术，2019（1）：81-82.

[15] 倪伟，沙竹安，王娟.水利工程标准化管理创新方式研究[J].城市建设理论研究（电子版），2018（31）：181.

[16] 裴利丽.浅析水利工程管理创新[J].建材与装饰，2018（35）：288-289.

[17] 桑之军.节水灌溉水利工程施工技术研究[J].中国设备工程，2023（2）：194-196.

[18] 王丽霞.新时期水利工程建设管理创新思路探究[J].农家参谋，2018（19）：229.

[19] 王晓燕.新时期水利工程建设管理创新思路的探索[J].新农业，2021（22）：87.

[20] 王新雷.对新时期水利工程建设管理创新思路的探索[J].现代物业（中旬刊），2019（12）：125.

[21] 王雪松.六安市农田水利工程管理现状及对策研究[D].合肥：合肥工业大学，2020.

[22] 肖雪春，彭丹凤.新时期水利工程建设管理创新思路研究[J].工程技术研究，2021，6（19）：142-143.

[23] 徐昂.堤防工程施工技术在水利工程建设中的应用研究[J].未来城市设计与运营，2023（1）：71-73.

[24] 徐梅.水利工程管理方式的创新与应用[J].决策探索（中），2020（2）：41.

[25] 薛杰.新时期水利工程建设管理创新思路探究[J].现代物业（中旬刊），2018（7）：139.

［26］ 严兴武.低丘缓坡开发农田水利工程规划与设计研究［D］.长沙：湖南农业大学，2017.

［27］ 姚华举.水利工程建设管理创新思路分析［J］.科技风，2019（21）：186.

［28］ 张南南.新时期农田水利工程建设管理创新思路［J］.乡村科技，2019（30）：123-124.

［29］ 张培光.水利工程管理中技术创新的应用［J］.河南水利与南水北调，2019，48（2）：57-58.